Die

Mineralquellen

auf

dem Festlande von Africa, besonders in Bezug auf ihre geognostischen Verhältnisse

von

T. E. Gumprecht.

Berlin, bei G. Reimer.

1851.

Vorwort.

In einer vor 2 Jahren herausgegebenen Schrift: Die vulcanische Thätigkeit auf dem Festlande von Africa, in Arabien und auf den Inseln des rothen Meeres. Berlin, die zugleich einen Theil des XXIII. Bandes des Archivs für Mineralogie, Geognosie, Berg- und Hüttenkunde von Karsten bildet, hatte ich es versucht, die zahlreichen und sehr zerstreuten Resultate über eine interessante Reihe eigenthümlicher Phänomene und Gesteine in den genannten Ländern zu einer Uebersicht zu vereinigen und sie zugleich auf diejenigen allgemeinen Ansichten zurückzuführen, welche in dem geognostischen Theile der Naturwissenschaften aus den Erfahrungen in allen übrigen Theilen der Erde über eine vorweltliche und zum Theil noch fortdauernde Thätigkeit im Erdinnern hervorgegangen waren. Ich war mit den Schwierigkeiten in der Ausführung meiner Aufgabe sehr wohl bekannt und habe im Verlaufe derselben am Besten selbst empfunden, wie wenig es möglich war, eine wünschenswerthe Vollständigkeit und Genauigkeit dabei zu erreichen, indem es aller Aufmerksamkeit ungeachtet mir weder gelang das vorhandene Material vollständig zu erschöpfen, noch ès mir möglich war, stets solche zuverlässige Resultate aus ihm abzuleiten, welche eine critische Prüfung zu überdauern vermöchten. Der im Laufe der Arbeit und selbst des Drucks durch die rastlose Thätigkeit der naturwissenschaftlichen Forscher neu hinzugetretene Stoff lehrte überdiefs, wie wenig oft dem älteren zu vertrauen war, und ich habe es selbst nicht verschwiegen, dafs ein grofser Theil des benutzten Materials auf keine Weise den Ansprüchen genauer und unbefangener Forscher zu genügen im Stande wäre. Dennoch hielt ich damals meine Arbeit der Veröffentlichung nicht für ganz unwerth, weil es die erste ihrer Art war, und weil ich hoffen durfte, dafs sie einen Ausgangspunkt für weitere Untersuchungen über die formellen und materiellen Verhältnisse Africas abgeben würde, endlich weil es mir in hohem Grade sogar wahrscheinlich schien, dafs die wachsende Anhäufung des Materials die Schwierigkeiten für eine Arbeit, der meinigen ähnlich, dergestalt in der Zukunft vergröfsern würde, dafs eine baldige Wiederholung derselben nicht für sehr wahrscheinlich gelten konnte. Ein Theil der Hoffnungen, die ich so an die Herausgabe meiner Schrift knüpfte, hat sich in der That bereits verwirklicht, indem, wie die neuesten Berichte des Dr. Overweg über seine Untersuchungen in Nord Africa, von denen der 8. Band der Monatsberichte der Berliner geographischen Gesellschaft Kunde geben wird, erweisen, der Reisende Gelegenheit gefunden hat, auf das von mir gesammelte Material zurückzugehen und die daraus gezogenen Folgerungen an Ort und Stelle der Prüfung zu unterwerfen, ja, was mir das Erfreulichste war, sie selbst zum Theil bestätigt zu finden.

Ich hatte früher die Hoffnung ausgesprochen, dafs es mir bald gelingen würde, meiner Schrift eine Ergänzung ihres Inhalts in einer zweiten ähnlichen Zusammenstellung über die Mineralquellen des Continents von Africa folgen zu lassen. Sie ist es, welche hier dem Publicum vorliegt und deren Inhalt, wie ich glaube, nicht von den Resultaten abweicht, welche in den übrigen Theilen der Erde in Bezug auf den innigen Anschlufs der Thermalquellen an diejenigen Phänomene gewonnen worden waren, wodurch die Oberfläche der Erde in der Vorzeit einen grofsen Theil ihrer jetzigen Gestaltung erhalten hat. Ich erachte diese Uebereinstimmung nicht für unwichtig, weil sie auf Beobachtungen von Reisenden und Forschern beruht, die nichts weniger als Geognosten waren, und deren Ansichten auch nicht im Entferntesten durch die Lehren der heutigen Geognosie hervorgerufen oder auch nur modificirt sein konnten. Da zugleich das Material meiner früheren Schrift noch eine kleine Nachlese gelassen hat, so hielt ich es bei den häufigen Beziehungen der jetzigen auf jene nicht für unzweckmäfsig, die nachträglich gefundenen Thatsachen der älteren Untersuchungen mit den späteren, und selbst neuerlichst erst veröffentlichten in Noten zu dieser Schrift hinzuzufügen, so dafs beide Arbeiten ein möglichst vollständiges Bild von den plutonischen und vulcanischen Phänomenen des continentalen Africas zu liefern den Zweck haben. Herr Geheime Ober-

Bergrath Karsten hat mich auch diesmal zum innigsten Dank verpflichtet, dafs er meiner Arbeit in dem XXIV. Bande seines Archivs einen Platz vergönnt hat, so wie dafs dieselbe durch seine gütige Bewilligung als eigene Schrift in die Welt zu treten vermag.

Berlin, den 1. April 1851.

T. E. Gumprecht.

Die Kenntnifs der Mineralquellen Africas war bis in die neueste Zeit durch die überaus gering entwickelte Einsicht in die geographischen Verhältnisse dieses Continents sehr beschränkt geblieben, und erst jetzt gelingt es durch das rasche Eindringen der Europäer in das Innere, sich zu überzeugen, dafs sowohl die Zahl, als der Zusammenhang der Mineralquellen mit den geognostischen Zuständen der Landstriche, worin sie auftreten, in hohem Grade beachtenswerth ist. Kannte man nämlich bis vor Kurzem nur einige wenige und noch dazu sehr isolirte Thermen und zugleich nur geringe Spuren vulcanischer und plutonischer Thätigkeit auf dem Festlande, so ergeben dagegen die neueren Reiseberichte, vor Allem die über Abyssinien und das angränzende Adálland, wie ich in meiner Schrift über die vulcanische Thätigkeit des Continents von Africa erwiesen habe [1]), mit Bestimmtheit, dafs stellenweise im Continent unge-

[1]) Die vulcanische Thätigkeit auf dem Festlande von Africa, in Arabien und auf den Inseln des Rothen Meeres dargestellt von T. E. Gumprecht. Berlin bei G. Reimer 1849.

mein grofse Anhäufungen interessanter Thermalquellen mit theilweise sehr hoher Temperatur und bedeutender Wasserfülle vorhanden sind, und ferner, dafs alle diese Thermen genau in einer ähnlichen innigen Verknüpfung mit evidenten und grofsartigen Aeufserungen vulcanischer Processe stehen, wie andere in den genauer erforschten Theilen des Erdkörpers mit Phänomenen derselben Art. Ja die neuerlich erst bestimmter nachgewiesene Existenz noch in voller Thätigkeit begriffener Vulcane auf den Inseln des Rothen Meeres [1]), so wie das in hohem Grade wahrscheinliche Vorkommen noch nicht ganz erloschener Solfataren [2]) führt in Verbindung mit der jüngst erst auf beiden Seiten des rothen Meeres erforschten Fülle höchst jugendlicher Kratere und mannigfacher Lavenströme [3]) zu der Ueberzeugung, dafs sogar bis in die neuere Zeit ausgedehnte vulcanische Processe in diesen Gegenden zu der Bildung der Oberfläche bedeutend beigetragen haben, und dafs die nachwirkende Kraft dieser unterirdischen Thätigkeit sich fortwährend in der Erzeugung thermaler und anderer Mineralquellen kund gibt. Leider aber ist die wissenschaftliche Kenntnifs dieser Quellen bisher so beschränkt geblieben, dafs, ungeachtet des nunmehr Jahrhunderte dauernden Besitzes grofser Theile des africanischen Continents durch die Europäer, es nicht mehr als etwa vier genauere quantitative Analysen africanischer Mineralquellen gibt, indem selbst der längere Aufenthalt der Franzosen in Aegypten und Algerien in dieser Hinsicht sehr wenige oder keine Resultate ergeben hat, und weil die Mineralquellen des Caplandes oder der portugisischen Besitzungen auf dem Fest-

---

[1]) Die vulcanische Thätigkeit 131 — 137.

[2]) Desgleichen S. 107, 123.

[3]) Desgleichen 112, 120, 125, 149.

lande Süd Africas bisher ebenfalls keine oder wenigstens nur eine höchst geringe wissenschaftliche Beachtung gefunden haben. Erst durch die von der französischen Regierung vor einigen Jahren angeordnete umfassende scientivische Untersuchung ihrer Besitzungen in Nord Africa ist in Bezug auf diesen Theil des Continents eine wesentliche Abhilfe des bisherigen Mangels zu erwarten, so wie überhaupt das rasche Eindringen der Europäer in das Innere des Continents sicherlich sehr bald eine viel erweiterte Kenntnifs des Gegenstandes zur Folge haben wird.

1. Die warmen Mineralquellen Africas.

Für die Vertheilung der Thermen gilt auch im continentalen Africa das in allen übrigen Erdtheilen erkannte gesetzliche Verhalten derselben, nämlich, dafs nie Thermen ganz vereinzelt auftreten, sondern dafs sich stets mehrere in nahen Localitäten zu Gruppen vereinigt finden. Von solchen Gruppen lassen sich auf dem Festlande etwa 5 mit ziemlicher Sicherheit angeben, ohne dafs man jedoch bestimmte Gränzen für jede derselben feststellen könnte. Eine derselben umfafst z. B. die Thermen der Cap Colonie und die in den Ländern der freien Eingeborenen Süd Africas im Osten und Norden der Colonie, zu denen noch eine weit entfernte, bisher nur als einzeln stehende bekannte heifse Quelle bei Benguela zu ziehen ist. Eine zweite Gruppe kann man aus den betreffenden ungemein zahlreichen Quellen des eigentlichen Abyssiniens, Schoas und des Adállandes bilden, eine dritte aus den nubischen, ägyptischen und nordostafricanischen, namentlich aber aus denen des langen Oasenzuges am Ost- und Nordrande der grofsen nordafricanischen Wüste bis etwa Fezzan und

Ghadamès im Süden von Tripolis. Zu einem vierten Aggregat möchte ich alle im nordwestlichen Africa, in den verschiedenen Theilen der Atlaskette vertheilte Thermen, wie z. B. die zahlreichen Thermen rechnen, die man besonders neuerlich im westlichen Tripolitanien, in Tunesien, in Algerien und in Marocco kennen gelernt hat, sammt den tiefer im Lande vorkommenden der Oasen Fezzan, Ghadamès und Serdelas. Zu einer fünften Gruppe lassen sich vielleicht die Thermen auf der Ostseite Süd Africas, namentlich die in dem Striche zwischen der de Lagoabay und dem Aequator vereinigen, da das dortige Auftreten evidenter Spuren vulcanischer Thätigkeit und der sehr heifsen Quellen im benachbarten Madagascar, so wie das von noch brennenden Vulcanen auf Bourbon und auf der zu der Comorrengruppe gehörenden Insel N'gazija das Dasein zahlreicher anderer Thermen in jenen Gegenden fast unzweifelhaft macht, wenn auch dort bisher nicht mehr als 2—3 Localitäten mit Quellen von höherer Temperatur bekannt worden sind. Sehr auffallend ist dagegen der Mangel thermaler Quellen in den westlichen Küstenländern z. B. an der Guineaküste und in den langgestreckten Senegal-Gambia- und Zaïreländern bis südwärts Benguela, obwohl die, wie es scheint, noch fortdauernde Thätigkeit der hohen vulcanischen Cameronberge und die Nähe der Cap Verdischen und Canarischen Inseln, so wie auch die Nähe der mit entschieden vulcanischen Massen angefüllten Inseln im Guineabusen ihr dortiges Dasein im höchsten Grade wahrscheinlich macht. Kaum eine Spur von Thermen ist nämlich in den etwa 42 Breitengrade umfassenden Küstenländern West Africas bisher bekannt worden.

Wenden wir uns zuerst zu der südlichsten der fünf aufgestellten Gruppen, so finden wir, dafs ein Theil ihrer Thermen wegen der zum Theil sehr intensiven Temperatur, des bedeutenden Wasserreichthums und des in vielen Krankheiten ausgezeichneten Nutzens derselben bereits vor Einwanderung der Europäer der einheimischen Bevölkerung bekannt gewesen sein mag, da dieselben von den frühesten Reisenden nach dem Cap nicht allein genannt und ihrem Vorkommen und ihrer medicinischen Wirkungen nach beschrieben, sondern selbst durch chemische Reagentien nach dem damaligen Stande der Wissenschaft genauer geprüft worden waren. Wie unzureichend aber auch letztere Untersuchungen nach der jetzigen Höhe der chemischen Analyse sind, so bleiben wir doch fortwährend genöthigt, uns ihrer Ergebnisse zugleich mit der Kenntnifs einiger ausgedehnten mineralischen Ablagerungen in der Nähe solcher Thermen als eines Anhaltspunkts zur Beurtheilung des chemischen Characters derselben zu bedienen, da leider selbst die neuesten Reisenden in Süd Africa dem lobenswerthen Beispiele ihrer Vorgänger nicht gefolgt sind, und weil sogar ein den Quellen und namentlich den Thermen des Caplandes ausdrücklich gewidmeter Aufsatz des letzten wissenschaftlichen Forschers in Süd Africa, des Dr. Kraufs [1]), der chemischen Kunde derselben nur Weniges aus eigener Erfahrung hinzufügt, obgleich diesen Reisenden ein mehrjähriger Aufenthalt in jenen Gegenden besonders dazu befähigt hätte. Dasselbe gilt auch von solchen neueren Reisenden, die sich wie z. B. Lichtenstein, Burchell und Backhouse sonst höchst dankenswerthe Verdienste um die scientivische Kenntnifs Süd Africas erworben haben, da deren Berichte in Bezug auf die Natur der Mineralquellen grade merkwürdig mager ausgefallen sind.

So weit uns nun aus den vorhandenen Erfahrungen ein Urtheil über die südafricanischen Thermen gestattet ist, ist es zuvörderst als ein bemerkenswerther und interessanter Character ihres Complexes hervorzuheben, dafs

[1]) Leonhard und Bronn Neues Jahrbuch für Mineralogie, Geognosie u. s. w. Stuttgart 1843, S. 150—164.

sich darunter mehrere warme und heifse Quellen von so reichem Eisengehalt finden, dafs ihnen mit Recht der Name von Stahlthermen zukommt, indem das Vorkommen solcher Stahlthermen ein im Ganzen auf der Erde höchst beschränktes, ja in unserem eigenen, mit Thermen aller Art reich ausgestattetem Continent sogar ein gar nicht gekanntes ist [1]. So viel wir wissen, gibt es nämlich aufser dem Festlande von Africa Stahlthermen nur sehr vereinzelt noch auf den Azoren [2], in Asien [3] und auf einigen Punkten

[1]) Eine Erwähnung von Stahlthermen sehe ich z. B. in keinem einzigen neueren Werke über Mineralquellen, selbst nicht in dem von Osann, Simon oder Harlefs; ebenso wenig in irgend einer physicalischen Geographie.

[2]) Nach Carew Hunt (Journal of the Geogr. Soc. of London XV, 278) findet sich auf der Azoreninsel St. Miguel eine warme Stahlquelle, die Quenturasquelle genannt, deren 0,001 Procent vom Gewicht betragender Niederschlag zu einem Viertel aus reinem Eisenoxyd besteht. Noch mehr Eisen enthalten die Absätze einer zweiten, aber nur lauen dortigen Stahlquelle, der Agoa Feuca, und endlich gibt es auf derselben Insel gar eine dritte, jedoch kalte, Stahlquelle, die Agoa Azeda. Ein solches Zusammenvorkommen von Quellen gleicher materieller Beschaffenheit, aber sehr verschiedener Temperatur in einer und derselben engbegränzten Localität ist allerdings ein bemerkenswerthes Phänomen, das jedoch auf dem Festlande von Africa keinesweges isolirt dasteht, indem es sich auf dieselbe Weise auch bei den Schwefel- und Salzquellen wiederholt.

[3]) Der kühne deutsche Reisende Baron Wrede fand nämlich vor Kurzem an der Südseite Arabiens zu Makallah sehr zahlreiche Stahlthermen von 30° 22′ — 43° 30′ R. (Journal of the Geogr. Soc. of London XV, 107). Doch ist zu bemerken, dafs ein anderer neuerer Forscher in diesen Gegenden, der englische Militairarzt Hibbert (Jameson Edinburgh Philosophical Journal 1838. XXIV, 31) dieselbe nicht nach Eisen, sondern nur nach Kalk und Magnesia schmeckend fand. Der Kalk wird in der That durch den ebenfalls von Hibbert wahrgenommenen ansehnlichen Kalkniederschlag aus den Thermen erwiesen. Ueber die geognostische Beschaffenheit von Makallahs Umgebung siehe übrigens dieses Archiv XXIII, 356.

von America [1]), und selbst im continentalen Africa sind sie nach dem Stande unserer bisherigen Kenntnisse einzig auf die Südspitze beschränkt, da sich aufserhalb derselben noch keine einzige Stahltherme mit Bestimmtheit vorgefunden hat. Muthmafslich aber verdanken diese Thermen, ganz wie die kalten Stahlquellen, ihren Mineralgehalt den in den Sandsteinen Süd Africas aufgehäuften Rotheisenoxydmassen, indem sie sämmtlich mitten im Gebiete derselben aus den roth gefärbten und also höchst eisenreichen Sandsteinen entspringen, welche überall die Oberfläche in bedeutender Mächtigkeit bilden. Zu diesen Stahlquellen gehört vor Allem die ausgezeichnete Therme bei dem Städtchen Caledon, dann eine zweite am westlichen und eine fernere am östlichen Elephantenflusse (Oliphants Rivier der Colonisten holländischer Abkunft), endlich eine vierte Therme am Koëgaflusse unfern des Districtshauptorts Uitenhagen, woran sich zunächst eine eigene Mangantherme anschliefst. Aufser den Stahlthermen gehört ferner der südafricanischen Gruppe eine Anzahl anderer warmer Quellen von abweichendem mineralischen Caracter an. So die Therme des Brandvalley bei Worcester, die heifseste des Caplandes, und die der Kokmanskloof bei Zwellendam, welche beide Chlorsalze enthalten, dann mehrere Schwefelthermen, von denen zwei lauwarme im östlichen Caplande hart am grofsen Fischflusse in der Nähe des Districtshauptorts Craddock und zwei andere, welche vor einigen Jahren erst durch die beiden französisch evangelischen Missionaire

---

[1]) Im mittleren America kennt man z. B. eine heifse, viel Eisen führende Therme am Berge Peñon Blanco unfern der Stadt Mexico (Cochelet im Bull. de la Soc. de Géogr. de France 1845. III, 211), so wie eine zweite ebenfalls stark mit Eisen geschwängerte Therme südlich der Stadt Carthago in der Landschaft Nicaragua (Hale in dem Werk: Six Months residence and travels in Central America. New York 1826. nach dem Bull. de la Soc. de Géogr. de France. 1827. VIII, 105).

Arbousset und Daumas entdeckt wurden, sogar weit jenseits der Gränzen des Caplandes im Maloutigebirge liegen. Endlich gehören zu den Schwefelthermen der Gruppe die sehr heifsen und wasserreichen Quellen des hoch im Norden auf der Westseite des Continents und bereits in der Nähe des südlichen Wendekreises gelegenen Landes der freien Ovaherero oder sogenannten Damra und zugleich die schon einmal erwähnte Therme im Süden Benguelas.

Suchen wir uns zuvörderst eine Einsicht in die geognostischen und Terrainverhältnisse der eben aufgeführten Thermen zu verschaffen, so ergibt sich für den gröfseren Theil derselben sofort eine Reihe höchst interessanter Erscheinungen, die mit analogen Beziehungen mannigfacher anderer Thermen in Europa und Asien zu den Gesteinmassen und zu den äufseren gestaltlichen Verhältnissen ihrer Umgebung eine so ungemein grofse Uebereinstimmung zeigen, dafs man auch für sie mit Grund annehmen kann, dafs sie nicht aus Zufälligkeiten hervorgegangen sind, sondern dafs sie genau demselben Processe ihren Ursprung verdanken, der in Europa und Asien den Thermalquellen den Weg bis an die Erdoberfläche eröffnet hat. Ich darf es in dieser Hinsicht als bekannt voraussetzen, dafs A. v. Humboldt, veranlafst besonders durch seine Beobachtungen am Südrande des mexicanischen Meerbusens, die Aufmerksamkeit der Naturforscher zuerst wieder in neuerer Zeit auf die innige Verknüpfung des Granits mit Erscheinungen, bei denen eine höhere Temperatur unläugbar thätig war, gerichtet hat, indem er im Jahre 1820 die bemerkenswerthe Thatsache hervorhob, dafs die heifsesten Quellen des Erdkörpers stets in oder unter dem Granit in die Höhe treten [1]). Indem jedoch Humboldts Bemer-

---

[1]) Reise in die Aequinoctialgegenden des neuen Continents. Stuttgart 1820. III, 145, 146 und IV, 48.

kung in eine Zeit fiel, wo Werners neptunische Lehren, die grade für das von Humboldt angedeutete Verhältnifs keinen Aufschlufs zu geben vermochten, noch eine sehr entschiedene Herrschaft ausübten und wo die geltenden Ansichten über die Natur und das Alter des Granits, so wie über die Entstehung der Thermen überhaupt sogar den aus Humboldts Beobachtung abzuleitenden Folgerungen auf das feindlichste gegenüber gestanden hätten, war es nicht zu verwundern, dafs sie nicht sofort zur vollen Anerkennung gelangte und diese sich erst dann erwarb, als sich der Geist der freieren Anschauung der geognostischen Phänomene Bahn gebrochen hatte. Dies erfolgte jedoch sehr bald darauf, und namentlich war es der verdiente Britische Geognost Bakewell, der durch seine sorgfältigen Forschungen in den Umgebungen des Montblanc und in der Tarentaise ganz selbstständig, wie es scheint, zu einer ähnlichen klaren Anschauung des von Humboldt angeregten Phänomens gelangte und dessen engen Zusammenhang mit einer zahlreicheren Reihe anderer Thatsachen in einer sehr interessanten und für die neuere Geognosie höchst fruchtbaren Weise darthat. Bakewell entwickelte nämlich meines Wissens zuerst die Ansicht [1]), dafs das auf der Sohle der tiefen und engen Thäler in den Savoyischen Alpen so häufige Auftreten von Granit und krystallinischen Schiefern, das Emporsteigen der Thermalwasser unmittelbar aus solchen Gesteinen oder wenigstens unter Umständen, welche die Nähe derselben vermuthen lassen, endlich die Bildung der spaltenähnlichen Thäler sämmtlich eng verknüpfte Phänomene seien, welche der Einwirkung der Hitze aus dem Erdinneren auf die umgebende feste Hülle, wobei zugleich horizontale,

---

[1]) Travels comprising observations, made during a residence in the Tarentaise and various parts of the Grecian and Pennine Alps. London 1823. 2 Vol. II, 15—19 und in Taylor Philosophical Magazine 1828. III, 14—19.

neptunisch gebildete Schichten emporgehoben wurden und stellenweise bis zu sehr bedeutenden Höhen gelangten, namentlich aber den Thermalmassen gewaltsam ein Weg an die Oberfläche gebahnt wurde, ihren Ursprung verdankten. In neuerer Zeit wurden ähnliche von Thermalquellen begleitete Vorkommnisse des Granits mitten in Gebieten geschichteter oder metamorphischer Gebilde, sowohl in den mit den Alpen im Bau so ähnlichen Pyrenäen, wie in der spanischen Provinz Galicien ermittelt. In den Pyrenäen überzeugte sich nämlich Forbes [1]), dafs die dortigen Thermen gewöhnlich in Spaltenthälern und zwar ausschliefslich am Rande des Granitgebiets gegen die Schiefermassen, niemals aber inmitten des Granitgebiets selbst auftreten, ferner dafs deren Erscheinen an der Oberfläche nur allein durch eine gewaltige, die Felsmassen aufreifsende Kraft veranlafst sei. In völliger Uebereinstimmung hiermit finden wir ähnliche Thatsachen durch den spanischen Bergwerks-Ingenieur W. Schulz im nordwestlichen Spanien angekündigt, die für uns um so mehr Werth haben müssen, als Herr Schulz sich keinesweges bestrebt hat, an dieselben theoretische Folgerungen, wie Forbes an seine Beobachtungen, im Sinne der neueren Geognosie anzuknüpfen. In Galicien traten nämlich Thermen theils aus Granitthälern, wie die von Cuntis zwischen St. Jago und Ponteredra, theils aber auch auf der Gränze des Granits und der krystallinischen Thonschiefer, wie die stark heifse Thermalquelle von Lugo, zu Tage [2]); ja verfolgt man den Zug der zahlreichen Thermen weiter über die Gränzen Portugals hinein, so ergibt sich auf das Deutlichste, dafs

---

[1]) Philosophical Transactions. 1836, 571—578 und 590; Report of the British Association for the advancement of science. London 1837. V. Notes. 83.

[2]) Don Guil. Schulz Descripcion geognostica del Reino de Galicia. Madrid 1835, 43.

dieselben fast ohne Ausnahme nur längs der Ränder der mitten in dem Thonschiefergebiet dieser Gegenden auftretenden Granitmassen und Granitinseln emporkommen [1]). Eine analoge Reihe von Phänomenen ähnlicher Art wurde endlich in neuerer Zeit in Deutschland durch Walchner aufgefunden und in seiner lehrreichen kleinen Schrift: „Darstellung der geognostischen Verhältnisse der am Nordrande des Schwarzwaldes hervorkommenden Mineralquellen. Manheim 1843" einer eindringlichen und lichtvollen Analyse unterworfen. Wufste man nämlich auch seit längerer Zeit, dafs mehrere der zahlreich an beiden Seiten des oberen Rheins, sowohl am Fufse des Schwarzwaldes, wie der Voghesen auftretenden Thermalquellen zwar mitten im Gebiete des bunten dortigen Sandsteins, unmittelbar aber nur aus den Granitmassen im Liegenden des Sandsteins emporkommen, und hatte ferner auch Herr von Oeynhausen auf die interessante Thatsache hingewiesen [2]), dafs der Granit des Schwarzwaldes sehr steil in die Tiefe setze, so widmete doch erst Walchner diesem Thermenzuge am Rande des Schwarzwaldes eine umfassende Aufmerksamkeit und sprach die bestimmte Ueberzeugung aus, dafs in Schwaben ein entschiedener Zusammenhang des eigenthümlichen gangartigen Erscheinens des Granits auf der Sohle der engen und tiefen Thäler mit der Gestaltung dieser Thäler selbst und dem Aufsteigen der warmen, den Fufs des Schwarzwaldes kranzförmig umziehenden lauen und warmen Mineralquellen von Baden-Baden, Rothenfels, Herrenalb, Wildbad, Liebenzell, Stuttgart und Cannstadt bestehe, indem die Thäler caracteristische Spalten seien, von unterirdischen Kräften gebildet, welche das neptunische Gestein aufgesprengt, die Granit-

[1]) Gumprecht in den Monatsberichten der Berliner geographischen Gesellschaft u. s. w. 1850. VII, 142.

[2]) Hertha von Berghaus XI, 39 und 41.

keile unter Erschütterungen in den Spalten aufwärts getrieben und gleichzeitig den Mineralwassern Canäle zum Emporsteigen aus dem Inneren der Erde eröffnet hätten. Sehen wir hierbei, das diesen Erscheinungen ganz entsprechende auf der entgegengesetzten linken Rheinseite am Fufse der Voghesen sich finden, wo die Thermen von Luxeuil, Plombières les Bains, und Bourbon les bains unmittelbar aus Granit entspringen, der an den drei erst genannten Punkten vom bunten Sandstein bedeckt wird, an dem letzten Punkte aber aufser Sandstein noch eine zweite jüngere Decke von Jurakalk über sich trägt, dafs ferner aufserhalb Europa die Stahlthermen von Makallah in Süd Arabien zahlreich am Fufse hoher granitischer Gebirgsgipfel und zugleich in der unmittelbaren Nähe vieler engen und tiefen spaltartigen, durch hohe senkrechte Felswände eingeschlossenen Thäler zu Tage treten, in deren Nähe der kühne deutsche Forscher Baron Wrede eisenreiche Sandsteine im Hangenden des Granits wahrnahm [1]), endlich dafs selbst zu Washita in Nord America und an vielen anderen Punkten des jäh aus einer horizontalen rothen Sandsteinebene mit granitischen und vulcanischen Gesteinmassen [2]) aufgestiegenen grofsen Felsengebirges (Rocky Mountains) Thermen emporquellen [3]), so können wir nicht

---

[1]) Journal of the Geographical Society of London. XIV, 208.

[2]) Jameson Edinburgh Philosophical Journal VI, 67.

[3]) Account of an expedition from Pittsburgh to the Rocky Mountains under the command of Maj. Long by E. James. 2 Vol. Philadelphia 1823. II, 288, 294, 419 u. s. w. Es ist eine bemerkenswerthe Thatsache, deren Erwähnung wir ebenfalls James verdanken, dafs sich die horizontalen rothen Sandsteinschichten, welche die Oberfläche der unermefslichen nordamericanischen Prairien bilden, bei ihrer Annäherung an das Felsengebirge jäh aufrichten (a. a. O. II, 1 und 390; II, 44 und 70). Ja selbst noch die zahlreichen, mitten im rothen Sandsteingebiet von Arkansas und Louisiana mit hoher Temperatur emportretenden Thermen, welche mit den verschiedenen an der West-

zweifeln, dafs, wo nur irgend ähnliche Verbindungen von Graniten im Liegenden horizontal geschichteter Sandsteine, von unermefslich tiefen spaltartigen Thälern und endlich von Thermalquellen in Süd Africa stattfinden, völlig dieselben feurigen Processe der Vorzeit, wie in Europa, Asien und Nord America stattgefunden und zu der Entstehung übereinstimmender geognostischer Phänomene die nächste Veranlassung gegeben haben [1]).

Wenden wir uns nun zur Schilderung der einzelnen Thermalquellen der südafricanischen Gruppe, so ergibt sich, dafs unzweifelhaft die bedeutendste derselben in Bezug auf Wasserreichthum und Temperatur diejenige ist, die wir im Caplande in einem unter dem Namen des Brandvalley bekannten Abschnitte des breiten Longitudinalthals finden, welches seit alter Zeit wegen der rothen Alluvionen seines Bodens den Namen Roodezand erhalten hat [2]) und von einem der gröfsten Flüsse des Caplandes, dem Breede rivier, durchflossen wird. Nach der Localität ihres Ursprunges hat diese Therme bisher stets den Namen der Brandvalleyquelle geführt. Sie entspringt in dem Thale unter selbst geographisch höchst interessanten Verhältnissen, nämlich unfern der Stelle, wo zwei dem Westrande des Continents parallele Gebirgsketten mit zwei anderen ähnlichen,

seite des grofsen Rio Bravo del Norte und in der mexicanischen Provinz Chihuahua (Falconer a. a. O. 220) bekannt wordenen Ojo caliente Thermen einen ununterbrochenen Zug zu bilden scheinen, dürften demselben unterirdischen Procefs ihren Ursprung verdanken.

[1]) Sogar das Auftreten der zahlreichen stark alcalischen, kalten Mineralquellen in den nassauischen Lahngegenden zunächst von Porphyr- Basalt- und Grünsteinmassen (Sedwick and Murchison in den Geological Transactions New Ser. IV, 264) scheint auf ähnlichen Verhältnissen zu beruhen.

[2]) Lichtenstein Reisen im südlichen Africa in den Jahren 1803, 1804, 1805 und 1806. 2. Bd. Berlin 1811. I, 232.

vom Südrande heraufkommenden in einem mächtigen Knotenpunkte, der in der Capcolonie den Namen des Winterhoeks (Winterecke) führt, zusammenstofsen [1]. Sehen wir aber, wie auch in Europa die Vereinigung zweier, aus ganz verschiedenen Richtungen zusammentreffenden Gebirgszüge geeignet ist, ein Erscheinen von Thermen an der Erdoberfläche zu bewirken, wovon besonders in den Alpen der gewaltige Montblancstock als Knotenpunkt zweier grofsen alpinischen Ketten, der von Osten kommenden penninischen nämlich und der von Süden nach Norden streichenden grajischen, durch die äufserst zahlreichen, in den unermefslich tiefen und engen spaltenartigen Thälern rund um seine ganze Peripherie emporquellenden Thermen ein höchst interessantes Beispiel darbietet, so haben wir selbst für diesen Theil des Continents Grund genug zu vermuthen, dafs die Entstehung des Wintershoek zunächst auch zum Erscheinen der Brandvalleytherme und einiger anderen gleich zu erwähnenden warmen Quellen seiner nächsten Umgebung Veranlassung gegeben hat, zumal der Berg in einer weiten Strecke seiner Umgebung wirklich der höchste Punkt ist, dessen Erhebung über dem Meeresspiegel Lichtenstein zu 3150 F. setzt [2]. Leider besitzen wir von keinem einzigen der zahlreichen Reisenden, welche die in Rede stehende Therme besuchten und beschrieben, specielle Schilderungen der geognostischen Verhältnisse ihrer Umgebungen, doch ist kaum zu bezweifeln, dafs dieselbe ganz wie die Thermen am Fufse der Voghesen und des Schwarzwaldes, oder gleich denen der Rocky Mountains und von Makallah nur von Sandsteinen umge-

---

[1]) Ebendort I, 227.

[2]) I, 232. Eine ganz zuverlässige Messung des Winterhoek möchten wir freilich noch nicht besitzen. Die von Herrn Lichtenstein mitgetheilte ist, wie er mich gefälligst versichert, von holländischen Feldmessern angestellt worden.

ben ist, unmittelbar selbst aber aus Granit oder wenigstens aus dem Thonschiefer entspringt, welchen Lichtenstein [1]) hart an der Quelle zu beobachten Gelegenheit hatte und der muthmafslich hier, wie am Tafelberge, durch Granitgänge durchsetzt ist. Mit dieser Vermuthung über das Vorhandensein von Granit in der hiesigen Localität stimmt Lichtensteins Angabe, dafs Granitblöcke den Boden des Beckens rund umher einschliefsen [2]), allerdings sehr wohl überein, so wie sich ferner aus dem Umstande, dafs in geringer Entfernung von hier ein herabstürzendes Wasser ein grofses Becken im Granit ausgehöhlt hat [3]) und endlich dafs im District des Bokkevelds der Granit in der Sohle tief eingeschnittener Thäler unter Sandsteinmassen zu

[1]) I, 240. Doch wird auch von anderen Reisenden (z. B. von Kraufs 155) das nicht ferne Auftreten blauer Thonschiefer im Liegenden des capischen Sandsteins, namentlich aber durch Backhouse (Narrative of a visit to the Mauritius and Southern Africa. London 1844, 609) das Erscheinen von dergleichen Gesteinen im Roodezandthale selbst, bei dem neuerbauten Districtshauptort Worcester, versichert, wogegen auffallend genug ein anderer um die Kunde des Caplandes sehr verdienter älterer Forscher (Barrow An account of travels into the interior of South Africa. 2 Vol. 1801 und 1804, I, 73) ausdrücklich das Fehlen der blauen Schiefer in dieser Localität behauptet und nur von conischen, aus geschichtetem Sandstein gebildeten Hügeln spricht. Ganz abweichend endlich und bei dem auffallenden Kalkmangel des südwestlichen Caplandes kaum erklärlich, berichtet das South African Directory von 1830 (nach Steedman Wanderings and adventures in the interior of Southern Africa. 2 Vol. London 1835, II, 61) und Terlinden (Rheinische Missionsberichte XI, 94) das Hervorkommen unserer Therme aus Kalkstein, so wie auch von Meyer (Reisen in Süd Africa während der Jahre 1840 und 1841. Hamburg 1843, S. 100) dieselbe am Fufse eines kalkartigen Gebirges entspringen läfst.

[2]) A. a. O. I, 240. Nach Herrn Lichtensteins gefälliger mündlicher Mittheilung sind es lose Blöcke grobkörnigen Granits.

[3]) A. a. O. I, 234.

Tage tritt [1]), abnehmen läfst, dafs der Granit in diesem Theile des Caplandes wirklich lange nicht so selten sein mag, als nach den bisherigen Berichten und der allgemeinen Beschaffenheit der Oberfläche anzunehmen war [2]).

Betrachten wir endlich auch die Configurationsverhältnisse der Umgebungen des Brandvalley, so ergeben dieselben sofort, wie mir scheint, die überzeugendsten Beweise, dafs die Entstehung seiner Therme wirklich durch eben solche, mit dem Emportreten des Granits verknüpfte gewaltsame Catastrophen hervorgerufen war, denen die Thermen am Montblanc, in den Pyrenäen und zu beiden Seiten des Ober Rheins nach Forbes, Bakewell und Walchners übereinstimmenden Forschungen ihren Ursprung zu verdanken haben. Ist das Brandvalley selbst auch kein enges Thal, so finden sich doch bereits in den nächsten Umgebungen der Therme und dann bis zum Win-

---

[1]) A. a. O. I, 209.

[2]) Nach Handstücken, die Jameson von der Localität dieser Stelle besitzt, soll die Therme aus Quarzfels entspringen, der Körner von weifsem, in Porcellanerde verwandelten Feldspath einschliefst. Da jedoch Jameson die untersuchten Exemplare nicht an Ort und Stelle hatte einsammeln können, so bleibt es völlig zweifelhaft, ob das Gestein zu dem Sandstein im Hangenden gehört oder ob es ein sehr quarzreicher Granit war, dessen Feldspath durch den Einflufs der Thermaldämpfe auf die angegebene Weise verändert ist (Narrative and discoveries in Africa from the earliest ages to the present time. 3. Ed. London 1840, 406). Unerwähnt darf ich jedoch hier nicht lassen, dafs Kraufs ausdrücklich behauptet, dafs bei keiner heifsen Quelle des Caplands Granit oder ein anderes vulcanisches Gebilde anstehe (a. a. O. 135), und dafs es überhaupt im südlichen Africa keine äufsere Andeutung einer vulcanischen Thätigkeit gebe (S. 156). Der Reisende meint zugleich, dafs der Granit hier meist in einer Entfernung von 20 — 30 Stunden auftrete; er scheint jedoch von der Localität des Brandvalley nicht aus eigener Kenntnifs zu sprechen, indem er sich nur auf Lichtenstein beruft.

tershoeck im Norden mehrere andere furchtbar enge und tiefe Thäler, die ganz den Caracter ungeheurer, die Gebirgszüge dieser Gegend vom Gipfel bis zur Sohle auseinander reifsender Spalten an sich tragen und nach den übereinstimmenden Berichten der Reisenden sicherlich nicht von Auswaschungen herrühren. Sie waren einst der Schrecken der Reisenden, sind aber jetzt zum gröfsten Theil durch die preiswürdige Beharrlichkeit der englischen Colonialverwaltung und mit bedeutendem Aufwande in sehr bequeme fahrbare Strafsen verwandelt worden. Nur allein durch solche spaltenähnliche Thäler wird nämlich den Bewohnern der Küstenstufe das Ersteigen des hohen centralen Plateaus und zugleich auch den fliefsenden Gewässern des letzteren ihr Abzug nach dem Meere möglich gemacht. Unter ihnen zeichnet sich namentlich das östlich ganz in der Nähe der Brandvalley gelegene und zwischen zwei hohen Gebirgen eingeschnittene Thal des Hexenflusses (Hex rivier) durch einen ungemein grofsartigen Caracter [1]) aus, und es machte dasselbe zugleich mit seinen Umgebungen auf Lichtenstein einen so mächtigen Eindruck, dafs bereits dieser unbefangene Beobachter, dessen Arbeiten seit fast einem halben Jahrhundert fortwährend die reichste Quelle zur Kunde des Caplandes und selbst weiterer Strecken des Binnenlandes geblieben sind, wiederholt auf die zahlreichen Spuren von Erschütterungen, Zerstörungen, Umwälzungen und spaltenartigen Aufbrüchen in dieser ganzen Gegend hingewiesen hat [2]), Angaben, die um so mehr Berücksichtigung und Glauben zu erwarten hatten, als sie lange bevor, ehe die neuere Geognosie die gewaltsame Bildung der engen und tiefen

---

[1]) Steedman I, 95 und v. Meyer 43, 52, 61. Westlich vom Brandvalley bildet ein ähnliches Spaltenthal, die de Toitskloof, den Weg aus dem Roodezand in den niedrigen Küstenstrich.

[2]) a. a. O. I, 213, 217, 263.

Gebirgsthäler durch spaltenähnliches Aufbrechen in den Kreis ihrer Lehren gezogen hat, verkündet wurden [1]).

---

[1]) So ungemein regelmäfsig und ungestört im Wesentlichen aber auch die Structur des Caplandes zunächst seiner Oberfläche erscheint, so läfst sich doch nicht läugnen, dafs besonders die Gestaltung der Thäler die Vermuthung erweckt, dafs Convulsionen dort in der Vorzeit die Oberfläche mannigfach bewegt und namentlich ein spaltenartiges Aufbrechen derselben zur Folge gehabt haben mögen; ja dehnt man seine Nachforschungen weiter aus, so ergibt sich, dafs die eigenthümliche Gestaltung der Thäler des Caplandes sich fast überall genau auf dieselbe Weise in solchen Gebieten wiederholt, wo rothe Sandsteine, ähnlich denen des Caplandes, sich verbreitet finden. Ja in so entschiedenem Caracter spaltenartiger Aufbrüche treten diese Thäler auf, dafs sie in den verschiedensten Sprachen übereinstimmende, auf ihre merkwürdige Beschaffenheit bezügliche Benennungen besitzen, die zuweilen selbst in anderen Gebieten von Gebirgsgesteinen vorkommen, wo die Thäler eine ähnliche Configuration erhalten haben. So bezeichnen vor Allem die holländisch redenden Bewohner des Caplands ihre engen, durch gewaltige, senkrechte, mauerförmig aufsteigende Felswände gebildeten Thäler, durch welche oft einzig die Verbindung zwischen getrennten Landestheilen möglich ist, mit den Worten Pforte (poorte) oder Kluft (kloof), und es erläuterte der schon genannte, englische Reisende Masson den letzten Namen ganz richtig auf folgende Weise: Kloof is a narrow passage over the lower part of a chain of mountains or sometimes a narrow passage between mountains (Philosophical Transactions vom J. 1776, 273). Hiermit völlig übereinstimmend bestimmten in der That alle späteren Reisenden im Caplande, wie Levaillant (Second voyage dans l'intérieur de l'Afrique. Paris 1793. 2. B. II, 207), Capt. Alexander (Journal of the geogr. Soc. of London VIII, 10) und Steedman (Wanderings I, 82, 97) das Wort poorte als eine Bezeichnung von Defileen oder Pässen, ja schottische Berichterstatter, wie Banbury (Journal of a residence at the Cap of Good Hope. London 1848, 48) vergleichen die poortes oder kloofs ausdrücklich mit ihren heimischen glens. Als Beweis, dafs durch Thäler dieser Natur die im rothen Sandstein-

Es ist aber auffallend, dafs unsere Therme, ungeachtet ihrer hohen Temperatur, ihres Wasserreichthums und

---

gebiete Süd Africas fliefsenden Gewässer häufig allein ihren Weg in tiefer liegende Landstriche und zum Meere finden, mag dem Dwaals Rivier dienen, welcher nach Burchells Bericht (Travels in the interior of Southern Africa. 2 Vol. London 1822 und 1824, I, 279) durch einen romantischen felsigen Pafs, die nach ihm benannte Dwaals Rivier poorte, abfliefst. Ueber den Caracter dieser natürlichen Thore im Caplande und deren bessere Benutzung als Communicationsmittel haben wir übrigens in neuerer Zeit einen sehr instructiven Aufsatz eines sachverständigen Berichterstatters, des langjährigen Ober Vermessungschefs der Colonie, Major Michell (Journ. of the Geogr. Soc. of London VI, 168 — 174) erhalten. Uebereinstimmend nun mit diesen eben erwähnten Benennungen finden wir, dafs selbst die Bewohner des auf der Oberfläche gröfstentheils aus ähnlichem, rothem Sandstein bestehenden Neu Mexico ihre Felsenthore Pforten (Puertas nach Falconer Notes of a Journey through Texas and New Mexico im Journ. of the Geogr. Soc. of London 1843. XIII, 23) nennen, und es weist endlich das aus der Amharasprache in viele Ortsnamen Abyssiniens z. B. in die Namen Ankobar, Sanka Ber, Agow Ber übergegangene und abermals Thor bedeutende Wort Ber oder Bar (Journ. of the Rev. Messrs. Isenberg and Krapf detailing their proceedings in the Kingdom of Shoa. London 1843, 90 und Harris the Highlands of Aethiopia. 3 Vol. London 1844. II, 9) darauf hin, dafs in dem mächtigen ausgedehnten dortigen rothen Sandstein genau die nämlichen Verhältnisse in der Thalbildung sich wiederholen. Wirklich nannte bereits einer der ältesten europäischen Reisenden in Abyssinien, F. Alvarez die Engpässe im Sandsteingebirge des südöstlichen Abyssiniens ausdrücklich Thore (Porte in Ramusio Raccolta delle navigationi et viaggi. Venetia 1613. I, 220, a), eine Bezeichnung, welche aufserdem sogar noch ein anderes abyssinisches Wort, nämlich Kella (Beke im Journal of the geogr. Soc. of London XIII, 258; d'Abbadie im Bulletin de la soc. de Géogr. de France. 1847. III, 89) wiedergibt. Bekannt ist ferner durch die neueren Forschungen, dafs selbst die aboriginalen Sprachen Süd Africas gleichbedeutende Benennungen enthalten, indem der enge spal-

ihrer Nähe an der Capstadt so spät erst in den Berichten der Capreisenden vorkommt, indem wir ihre früheste Er-

---

tenförmige Durchbruch durch die granitische, an ihrem Fuſse aber von Steinkohlen führendem Sandstein umlagerte Gebirgskette zwischen Sena und Tete, durch welchen der Zambesestrom seinen Weg nach dem Indischen Ocean nimmt, von den Landesbewohnern Lupata d. h. eng genannt wird, eine Bedeutung, die in den geographischen Werken sogar der neuesten Zeit (M. v. Kalkstein Lehrbuch der Geographie für höhere Lehranstalten. Berlin 1850, 31) fortwährend eine irrige Anwendung gefunden hat, seitdem d'Anville dies Wort in Folge eines Miſsverständnisses bekanntlich als Name einer vermeintlichen auſserordentlich hohen Gebirgskette jener Gegenden in die Erdkunde eingeführt hatte. Dem um die Geographie Süd Africas so viel verdienten britischen Forscher Desb. Cooley verdanken wir die Berichtigung auch dieses langjährigen Irrthums (Journal of the Geogr. Soc. of London XV, 229). Indem derselbe aber zugleich die Durchbruchsstelle des Zambese zwischen Sena und Tete durch das schon erwähnte und in der nordschottischen Gebirgskette der Grampians ausschlieſslich für enge spaltähnliche Thäler übliche, ursprünglich celtische Wort Glen erklärt, ist mit Grund anzunehmen, daſs die hiesigen Configurationsverhältnisse des Terrains denen des Caplandes im Wesentlichen entsprechen. Die Richtigkeit von Cooleys Deutung des Worts Lupata bestätigte mir übrigens eine gefällige mündliche Mittheilung des mehrjährigen Reisenden im Zambeselande, des Hrn. Dr. Peters. Wäre hier noch der Ort, den engen Zusammenhang geognostischer und geographischer Verhältnisse weiter zu verfolgen, so lieſse sich durch zahlreiche sprechende Thatsachen erweisen, daſs auch die Araber die merkwürdigen Spaltenthäler des algerischen und maroccanischen Atlas in ihrer Sprache als natürliche Thore mit dem Worte Bibân bezeichnen, und daſs die Reisenden namentlich von einem der Bibân in Algerien übereinstimmend und ausdrücklich berichten, daſs es eine gewaltsame Kluft sei, worin wenige Menschen ganzen Heeren den Durchgang versperren könnten und durch welchen sogar das Gebirge des Kabylenstamms der Beni Abyſs von unten bis zu seinem Gipfel auseinandergerissen sei (Peyssonel in Peyssonel et Desfontaines Vo-

wähnung erst im Jahre 1776 in einer Mittheilung des bekannten, in botanischen Zwecken nach Süd Africa gesand-

---

yages dans les regences de Tunis et d'Alger publiés par M. Dureau de la Malle. 2. B. 1838. I, 376—378; Desfontaines ebendort und Shaw in seinem Reisebericht). Gleicher Weise finden wir in der reichen arabischen Sprache gar noch ein zweites Wort, Akabah nämlich, zur Bezeichnung schluchtartiger Einschnitte in dem unermeſslichen Kalk und Sandsteingebiete von Nord Africa, Arabien und Syrien häufig im Gebrauch. So führt, um nur einige nahe liegende Beispiele anzuführen, Caillaud einen seiner ausdrücklichen Versicherung nach durch hohe Berge gebildeten Engpaſs (defilé) der nordafricanischen Wüste unter dem Namen Akabah auf (Voyage à l'Oasis de Thèbes et dans les déserts publié par Jomard. Paris 1821, 86), und nicht minder erhielten zwei interessante Zusammenschnürungen des Nilthals in Nubien eine gleiche Benennung. Eine derselben, die Akabah el Bel, liegt zwischen Mograt und Ambukol; die zweite viel bekanntere und bedeutendere dagegen höher den Fluſs hinauf bei Gerri. Bruce nennt die letzte, grade so wie Michell die südafricanischen engen Thäler, in denen Bergflüsse ihren Lauf nehmen (Journal of the Geogr. Soc. of London VI, 169) ein gap, d. h. also eine gähende Schlucht oder Spalte (Travels to discover the source of the Nile. Edinburgh 1790. 5 Vol. IV, 517) und wirklich finden wir, daſs der Nil eine niedere Kette felsiger Granitberge bei Gerri mitten im nubischen Sandsteingebiete durchbricht und mit einer Reihe von Fällen und Stromschnellen herabstürzend seinen Lauf, wie in einer wahren Gebirgsspalte, fortsetzt. So dürfen wir uns nicht wundern, daſs endlich selbst der enge, pfortenartige, südliche, durch Basalte, Laven und jähe Kalksteinfelsen gebildete felsige Eingang in das rothe Meer von den Arabern früher schlechtweg nur das Thor el Bab (Purchas Pilgrims. London 1623. II, 1124; häufiger ist indessen jetzt bekanntlich der Name Bab el Mandeb, d. h. das Todesthor) genannt wird, daſs ferner die Griechen des Alterthums in richtiger Auffassung der Verhältnisse Engpässe der angegebenen Art ebenfalls Pforten (πύλαι) nannten, und daſs selbst die Natur des schluchtenartigen Durchbruchs des Nils durch die von rothem Sandstein bedeckte Granitkette bei Assuan (Syene)

ten Gärtners Masson vorfinden [1]). Sie entspringt übrigens, wie angegeben war, in der Nähe des Wintershoek und zwar an dessen südlichem Fufse und zugleich unweit des westlichen Ausgangs des Hexrivierpasses aus nicht weniger als sieben nahe an einander liegenden Mündungen [2]), deren unterste den bedeutendsten Quellenarm und zwar von solcher Stärke liefert, dafs dadurch sofort ein Becken von nicht weniger, als 35—40, nach andern gar von 50 Fufs Durchmesser entstanden ist. Die 6 übrigen Mündungen sind jedoch von viel geringerer Stärke. Aus einem das Wasser aller Mündungen vereinigenden Canal, der nach dem Berichte des älteren schon genannten Reisenden Barrow so reich ist, dafs er mehr als 4 Oxhoft Wasser in jeder Minute abführt [3]), und dafs er selbst die stärkste englische Wassermühle zu treiben im Stande wäre [4]), ent-

---

in Ober Aegypten eine Veranlassung zu dem Namen dieses Ortes war, indem Souân im Altägyptischen Eröffnung bedeutet (Wilkinson the Topography of Thebes. London 1835, 452).

[1]) Philosophical Transactions 1776, 186. Sehr bald nach Masson gab aber noch ein zweiter Reisender, der Lieut. W. Patterson von derselben Kunde (Narrative of four Journeys into the Country of the Hottentots and Caffraria. London 1789, übersetzt von J. R. Forster. Berlin 1790, 134.

[2]) Hr. Forster lieferte in den Zusätzen zu seiner in Berlin 1792 erschienenen Uebersetzung von Thunbergs Reise im Capland (Resa uti Europa, Africa, Asia forättad Aren 1770—1779. Upsala 1788) auf S. 42, eine kleine in Thunbergs Original fehlende Situationsskizze der 7 Quellenmündungen.

[3]) A. a. O. I, 73.

[4]) Ein neuerer deutscher Reisender in Süd Africa, der schon genannte Dr. Praufs berichtet (a. a. O. 156) sogar in den letzten Jahren, dafs der warme Bach bei seinem Austritte aus dem Becken wirklich Mühlen treibt, und gleicherweise führt der Missionair Terlinden an (Rheinische Missionsberichte XI. Beilagen 94), dafs Reisende ihm versichert hätten, nirgends im

steht ein ziemliches Flüfschen, das während eines $\frac{3}{4}$ stündigen Laufs fortdauernd Dampf entwickelt, hinreicht, mehrere tausend Acres zu bewässern [1]) und sich zuletzt mit dem Breederivier, dem Strome des Längenthals Roodezand, vereinigt. Die Temperatur der Therme ist, wie ebenfalls angegeben, höher, als bei jeder anderen capischen Quelle gleicher Art, indem sie nach Barrow und nach dem neueren Barrow jedoch wahrscheinlich nur copirenden Reisenden Backhouse [2]) 60°, nach einer Angabe im South African directory von 1830 [3]) 61,1, nach Burchell [4]) und von Meyer [5]) 62, nach Lichtenstein [6]) Angabe gar 82,2° C. beträgt. Indem aber diese Temperatur noch weit genug vom Kochpunkte entfernt ist [7]), so kön-

---

Caplande eine heifse Quelle von solcher Stärke gesehen zu haben.

[1]) A. a. O. II, 360. Diese Angabe Barrows (150° F.) variirt um 10° F. von einer zweiten, an einer anderen Stelle seines Werks (nämlich 140° F. in I, 74). Mit letzter stimmt übrigens eine von dem eben genannten Missionair Terlinden mitgetheilte (a. a. O. XI. Beil. 94) genau überein, aber es ist leider aus dessen Worten nicht abzunehmen, ob ihr eine eigene Beobachtung zum Grunde liegt.

[2]) A. a. O. 612.

[3]) Mitgetheilt durch Steedman a. a. O. II, 61.

[4]) Travels in the Interior of Southern Africa. 2 Vol. London 1822 und 1824. I, 124.

[5]) A. a. O. 100.

[6]) Reisen I, 240. Lichtensteins Temperaturangabe differirt zu sehr von den übrigen, um als richtig gelten zu können.

[7]) Dafs die Temperatur der Brandvalleytherme nicht den Kochpunkt erreicht, ergibt sich schon daraus, dafs sie nach Lichtensteins ausdrücklicher Versicherung nicht zum Hartsieden von Eiern zureicht (I, 240). Dadurch wird zugleich erwiesen, dafs sie noch viel weniger den Kochpunkt übersteigen kann, wie dies ein älterer holländischer Reisender Capt. de Jong im Beginne dieses Jahrhunderts behauptet hatte (Reizen naar de Kap de Goede Hoop, Ireland en Norwegen. 2 Vol. Haarlem

nen die in grofser Menge, gleich wie aus einem am Feuer stehenden Topfe nach Thunbergs Vergleiche, aus dem Thermalwasser aufsteigenden und dasselbe in steter kochender Bewegung erhaltenden Blasen unmöglich Wasserdämpfe sein, sondern sie sind unzweifelhaft Kohlensäureemanationen, wie die unter ähnlichen thermischen Verhältnissen aus dem Carlsbader Strudel entweichenden gasartigen Flüssigkeiten es sein müssen. Mit dieser Vermuthung stimmt in der That Lichtensteins Beobachtung deutlicher Entbindungen von ziemlich reinem kohlensaurem Gas gut überein, doch ist allerdings bemerkenswerth, dafs es Thunberg nicht gelang, mit unserem Thermalwasser blaues Zuckerpapier, blaue Wolle oder Veilchenpapier zu röthen [1]) und dafs gleichfalls Barrow behauptete, blaue vegetabilische Farben würden dadurch nicht afficirt [2]). Von der hohen Temperatur und der kochenden Bewegung, wodurch zugleich Quantitäten eines feinen weifsen, mit kleinen Quarzkrystallen gemengten Sandes in die Höhe geführt werden, erhielten sicherlich die Therme und das Thal ihren Namen [3]). Die mineralische Beschaffenheit der Thermen war übrigens bis vor Kurzem ziemlich unbekannt, indem weder Lichtenstein mit Mineralsäuren, noch Barrow mit Schwefelsäure darin Niederschläge hatten hervorbringen können, andere Reactionen aber wenig versucht worden sind und die etwaig versuchten ganz unbeachtet geblieben waren, endlich da kein einziger Reisender eine Spur fester Niederschläge an der Mündung wahrgenommen hatte [4]), indem wenigstens nicht die mindeste Angabe hierüber vor-

---

1802. II, 120). Immer aber ist sie hier hoch genug, dafs Thiere in den Thermen gebrüht werden können, wie de Jong noch versichert.

[1]) Resa I, 184.

[2]) A. a. O. I, 74.

[3]) Backhouse 612.

[4]) Thunberg Resa I, 184.

kommt. So galt die Brandvalleyquelle bei ihrer Klarheit und ihrer Geschmack- und Geruchlosigkeit [1]) bis in die neueste Zeit für ein gewöhnliches, nur durch die grofse Hitze im Erdinneren erwärmtes Wasser bis erst einer der jüngsten Reisenden in dieser Gegend Itier einen darin enthaltenen ansehnlichen Gehalt von Chlornatrium versicherte [2]) und damit Thunbergs ganz alte, von allen späteren Reisenden jedoch völlig unbeachtet gelassene Angabe, dafs er durch Bleizucker eine milchartige Färbung des Wassers erhalten habe [3]), ohne sein Wissen bestätigte. Dieser Kochsalzgehalt verbunden mit dem Mangel anderer im Thermalwasser aufgelösten mineralischen Substanzen erklärt es jedoch sehr wohl, dafs von den Reisenden einstimmig die vorzügliche Brauchbarkeit der Brandvalleyquelle zum Waschen hervorgehoben und versichert wird [4]), dafs keine Bleiche die Leinwand, so wie diese, reinige. Der grofsen Wärme wegen vermögen organische Wesen am Ursprungsorte der Therme nicht darin zu existiren und namentlich Reptilien finden, wenn sie zufällig hineinfallen, sofort ihren Tod, aber schon in sehr geringer Entfernung davon bedeckt eine schöne grüne langfadige Conferve den Boden des Abzugscanals [5]), an des-

---

[1]) Barrow I, 74; Lichtenstein I, 240; Burchell I, 124; de Jong II, 121 und Barrow.

[2]) Comptes rendus de l'Academie de Paris. XIX, 969.

[3]) I, 185. Freilich ist es nicht unmöglich, dafs der milchige Niederschlag von schwefelsauren Alcalien, namentlich von einem Glaubersalzgehalt herrührt. Wenn de Jong II, 120 aber die Therme sogar ein Schwefelbad nennt, so scheint diefs allerdings durch nichts gerechtfertigt.

[4]) de Jong II, 121; Thunberg I, 185.

[5]) Barrow versichert (I, 73), dafs selbst an den Rändern des grofsen Bassins Conferven im Thermalwasser wachsen, Thunberg fand sie an den Abzugscanälen gedeihend (Resa I, 184). Bei den Colonisten führt die Conferve ihres schleimigen Anfühlens wegen den Namen Slyk (Schlich) v. Meyer 101.

sen Rändern nächst einigen Gräsern (z. B. Cyperus esculentus) noch andere Pflanzen, wie Royena glabra, Zantedeshia (Calla) aethiopica, Pappeln und eine Art Rhus gedeihen, obwohl sie und sogar die Bäume unter ihnen bis zum Gipfel beständig durch die warmen aufsteigenden Wasser und durch andere Dämpfe berührt und befeuchtet werden.

Sehr ausgezeichnet sind nach den einstimmigen Berichten der Reisenden die Heilkräfte der Brandvalleytherme in Geschwüren aller Art, Lähmungen, Rheumatismen und veralteten venerischen Uebeln trotz der bis in die neueste Zeit höchst mangelhaften Badeeinrichtungen [1]). Aber es kann der Gebrauch der Therme nur mit Vorsicht stattfinden, weil durch die hohe Temperatur das Pulsiren des Herzens sehr vermehrt, und das Blut so ungemein aus Kopf und Herz nach den Extremitäten getrieben wird, dafs der Badende leicht Ekel und Erbrechen empfindet, ja selbst ohnmächtig wird [2]). Doch steht die Quelle in ihrer Wirksamkeit der bald zu erwähnenden Stahltherme von Caledon und einer zweiten, dieser Caledoner ähnlichen am östlichen Elephantenflusse nach, und sie leistet sogar nach Lichtensteins Versicherung in gichtischen Leiden gar nichts. Noch in neuerer Zeit hatte ein Reisender nach Süd Africa, von Meyer, bei der schweren Verwundung eines Gefährten Gelegenheit, sich von der Heilkraft derselben zu überzeugen, und es leisteten ihm dabei namentlich Umschläge der grünen Conferve vorzügliche Dienste [3]), eine Benutzung dieser Cryptogamen, die meines Wissens in Europa bei den in den Italiänischen und Pyrenäenthermen üppig gedeihenden Conferven nirgends üblich ist,

---

[1]) Lichtenstein I, 240; de Jong II, 122; South African Directory bei Steedman II, 61; Terlinden XI, 94; von Meyer 101.

[2]) Thunberg Resa I, 185.

[3]) S. 100.

wohl aber eine Nachahmung verdient. Merkwürdig ist endlich die kräftige Belebung, welche verwelkten Pflanzen durch ihr Eintauchen in die Therme zu Theil wird [1]), da dieselbe dadurch den wichtigen europäischen warmen Quellen von Pfäffers und Gastein nahe steht. Auch die interessante Eigenthümlichkeit dürfen wir hier nicht aufser Acht lassen, dafs es im Brandvalley ganz in der Nähe der übrigen kleineren Thermen eine sehr kalte Quelle gibt [2]), und dafs unsere Therme überhaupt nicht allein, wie angegeben war, wasserreicher, als jede andere ihres Gleichen ist, sondern dafs sie selbst unter den kalten Quellen des Caplandes nach von Meyers aus eigener Anschauung geschöpften Versicherung eine der dortigen wasserreichsten überhaupt ist, die das ganze Jahr mit gleicher Stärke und ohne sichtbare Vermehrung und Verminderung fortfliefst [3]). Sehen wir nämlich, dafs die meisten kalten Quellen der Cap Colonie periodisch im Jahre mit einem sehr veränderlichen Wasserreichthum auftreten und bestimmt einen Einflufs durch die Jahreszeiten erleiden, sie also nur oberflächliche Gebilde sein können, so weist umgekehrt die Beständigkeit und der Reichthum des Wassergehalts der hiesigen Therme darauf hin, dafs sie aus so tief liegenden und grofsen Reservoiren gespeist wird, dafs Veränderungen der Atmosphäre und Jahreszeiten keinen Einflufs auf

---

[1]) Lichtenstein I, 240.

[2]) Das Nebeneinandervorkommen von warmen und durch einen nur ganz geringen Zwischenraum getrennten kalten Quellen ist übrigens eine Erscheinung, die nicht allein dieser, sondern auch noch mancher anderen Localität des Caplandes eigen ist und noch häufiger hier erwähnt werden wird. Schon im Alterthume kannte und beachtete man dergleichen Verhältnisse, und es erwähnte namentlich Plinius (lib. XXXI. c. 2) dasselbe Phänomen bei dem Volke der Tarbeller zu Aquae Augustae (dem heutigen Dax) in Aquitanien und auch in den Pyrenäen.

[3]) Lichtenstein I, 240.

sie auszuüben vermögen. Bei dem sonstigen entschiedenen Mangel deutlicher Cratere und Laven oder anderer zuverlässiger Spuren vulcanischer Thätigkeit verdient aber ein dem Brandvalley benachbarter, jedoch von allen früheren Reisenden in geognostischer Hinsicht unbeachtet gelassener Punkt, der sogenannte Schlangenhügel (Slangheuvel) eine aufmerksame Untersuchung, indem derselbe angeblich nach v. Meyer sogar ein ausgebrochener, aus fantastisch zerrissenen Basaltfelsen bestehender Krater sein soll [1]).

Nordwestlich der Brandvalleytherme, doch ganz in ihrer Nähe, kommt bei dem grofsen Dorfe Goudinie und zwar abermals in einem Abschnitte des Roodezandthals noch eine laue Quelle von 26° C. Temperatur aus dem Sandstein zu Tage [2]). Sie führt nach einer in der Nähe angesiedelten Familie gewöhnlich den Namen des Jordanbaads, und Kranke besuchen sie der besseren Einrichtungen wegen zahlreich. Ihre mineralischen Eigenschaften sind indessen unbekannt, doch hat sich dies Jordanbaad nach Versicherung des South African Directory in denselben Krankheiten, wie die Brandvalleyquelle, bewährt. Durch seine Lage in der Nähe der du Toitkloof, eines der eng-

---

[1]) v. Meyer 41. An einer anderen Stelle seines Reiseberichts (S. 211) führt v. Meyer in der Nähe der Goudinie und also des Jordansbades ein Felsenthal unter dem Namen Slanghoek (Schlangenberg) auf. Beides, der Slangheuvel und der Slanghoek dürften übrigens identisch sein, und es scheint selbst der bei Thunberg (Resa I, 183) in der Nähe der Goudinie erwähnte Slangenkop (Schlangenkopf) hierher zu gehören. Ob übrigens die schwarzen bizarr zerrissenen und sich in wilder Verwirrung über einander, gleich gigantischen Säulen erhebenden kegelförmigen Felsmassen, die ebenfalls v. Meyer (66) in dieser Gegend sah, basaltisch sind, läfst sich nicht bestimmen, jedoch vermuthen.

[2]) Steedmann II, 61; Terlinden 94; v. Meyer 211.

sten und wegen seiner 4000 Fufs hohen einschliefsenden Felswände zugleich grandiosesten Pässe Süd Africas [1]), welcher Goudinie und das Roodezand mit der Küstenstufe verbindet, so wie durch die geognostischen Verhältnisse der nächsten Nachbarschaft, wohin zugleich der erwähnte Slangheuvel gehört, verdient das Jordansbaad besondere Beachtung. Eine dritte Quelle endlich von höherer Temperatur, die jedoch ebenfalls nur lauwarm war, traf Lichtenstein [2]) in denselben Gegenden fast am südlichen Fufse des Wintershoek selbst und zugleich in der Nähe des Mostershoekberges, dann aber auch in der Nähe eines aufserordentlich tiefen, engen und spaltähnlichen, von 2 — 3000 Fufs hohen Bergketten eingeschlossenen Thals an, worin der Breede Rivier aus dem 1000 und vielleicht mehr Fufs höher gelegenen Districte des Warmen Bockeveldes wie ein tobender Giefsbach in das Roodezandthal hinabstürzt [3]). Der Name, die Temperatur und mineralische Beschaffenheit dieser letzten Quelle, deren aufser Lichtenstein kein anderer Reisender gedenkt, sind uns durchaus unbekannt. Fassen wir jedoch ihr Vorkommen bei der Mostertshoekschlucht, das vorhin erwähnte Auftreten des Jordanbaades bei der du Toitskloof, endlich die Nähe des Hexrivierpasses bei der Brandvalleytherme zusammen, so ergibt sich in der Wiederholung solcher Verhältnisse allerdings eine höchst namhafte Stütze dafür, dafs alle diese Quellen von höherer Temperatur dem gewaltsamen Aufsprengen der Erdoberfläche durch von unten auf wirkende convulsivische Kräfte und also auch einer Bildung spaltartiger Thäler ihr hiesiges Erscheinen zu Tage verdanken [4]).

---

[1]) Lichtenstein II, 153; v. Meyer 67.

[2]) II, 263.

[3]) Lichtenstein II, 263; Burchell I, 126; v. Meyer 103.

[4]) Für die Entstehung der Mostershoek durch gewaltsame Erschütterung spricht sich Lichtenstein besonders auf S. 263

In wie weit aber ein Zusammenhang zwischen den eben erwähnten Quellen und dem Auftreten noch anderer von höherer Temperatur statt findet, welche ein älterer Berichterstatter über das Capland, der Engländer Percival, bei dem Dörfchen Weifsbaum in der Nähe der Capstadt am südlichen Ende des Tafelberges antraf [1]), ist nicht genauer bekannt, da auch sie bei keinem anderen Reisenden vorkommen. Percival will übrigens diese Quellen beim Eintauchen der Hand sehr merklich warm und ihren Geschmack stark eisenhaltig gefunden haben. Haben sie wirklich die von dem sonst zuverlässigen Reisenden behauptete höhere Temperatur, so verdanken sie diese vielleicht dem Auftreten der berühmten Granitgänge am Tafelberge, von welchen wir bekanntlich durch Basil Hall, und Clarke Abel eine so vollständige Kunde erhalten haben, ihre Entstehung.

Eine höchst ausgezeichnete Therme erscheint ferner im Capland ostsüdöstlich von der Capstadt, in 30 deutschen Meilen Entfernung von derselben, südlich zugleich von Brandvalley am Fufse eines östlichen Ausläufers des Küstengebirges, der seiner schwarzen Farbe wegen den Namen des Zwarteberges bei den Colonisten empfangen hat. Diese Therme wurde früher nach einem angränzenden Theile des Küstengebirges das Bad von Hottentotsch Holland [2]) oder auch das Eisenbad (Yzerbaad) nach ihrem

---

im zweiten Bande seines Werks aus. Die geneigte Lage der Schichten in dieser Gegend galt ihm bereits ebenso, wie der neueren Geognosie, als Anzeige in der Vorzeit stattgefundener verändernder Catastrophen.

[1]) Beschreibung des Vorgebirges der guten Hoffnung. Aus dem Englischen von Seume. Leipzig 1805, 151.

[2]) Sparrmann Resa till Goda Hopps Udden, Södra Polkreten och omkring Jornklotet. Aren 1772 — 1776. 2 Vol. Stockholm 1783. I, 139.

ausgezeichneten Eisenreichthum genannt [1]), weil sie alle ähnliche warme Mineralwasser des Caplands darin übertrifft; jetzt heifst sie gewöhnlich die Therme von Caledon nach einem in ihrer Localität in neuerer Zeit angelegten und zu Ehren eines früheren General-Gouverneurs Lord Caledon genannten Städtchen. Sie entspringt in mehreren nicht unbeträchtlichen Armen [2]), von denen die beiden Hauptadern sogar bis 3—4 Fufs Durchmesser Stärke besitzen und zwischen block- und plattenförmig gestalteten Eisenmassen aus demselben stark eisenschüssigen und häufig roth gefärbten Sandstein, welcher das Küstengebirge nebst dem Zwarteberge selbst bildet, emportreten. Zwei Arme sind es besonders (muthmafslich die eben erwähnten starken), welche von Kranken mit grofsem Erfolge gebraucht werden, und die trotz ihrer von der des Brandvalley durchaus verschiedenen mineralischen Natur merkwürdiger Weise bei denselben Uebeln als wirksam gelten. Zu diesen Uebeln gehören Nervenschwäche, Ausschläge, Hautkrankheiten und namentlich die im Caplande so überaus häufigen chronischen Rheumatismen (Flüsse, welche von den Colonisten holländischer Abkunft gewöhnlich Zickte genannt werden), endlich auch vernachlässigte venerische Krankheiten [3]).

---

[1]) Ebendaselbst I, 139.

[2]) Ein älterer Berichterstatter über diese Therme, der sie längere Zeit im verflossenen Jahrhundert gebrauchte, der ehemalige Münzmeister zu Batavia Le Beck sagt sogar, dafs das Wasser aus 7 verschiedenen Stellen mit Ungestüm hervorbreche (Der Naturforscher. Halle 1802. XXIX, 262).

[3]) Masson a. a. O. 274; Barrow I, 355; Le Beck 268; Itier in den Comptes rendus XIX, 969; de Jong (II, 125) fügte dieser Krankheitsliste Verstopfungen hinzu und erwähnte als Beweis des Ruhms, den sich die Heilquelle durch ihren bewundernswerth glücklichen Einflufs in verschiedenen Krankheiten erworben habe, dafs Kranke, die sich bei ihrer Ankunft der Krücken bedienten, dieselben schon nach wenigen Tagen, worin

Die Cur dauert hier gewöhnlich sechs Wochen. Manche Kranke führen das Wasser sogar noch nach Hause, um es als Nachcur zu gebrauchen [1]). Die höchst ausgezeichnete und durch langjährige Erfahrung bestätigte Heilkraft der Therme ist übrigens auffallend genug, da dieselbe bei der elenden Fassung, bis in die neueste Zeit [2]), einen grofsen

---

sie den vollständigen Gebrauch ihrer Glieder wieder erlangt hatten, wegwarfen. Le Beck bestätigt dies im Wesentlichen, und Sparrmann fügt hinzu, dafs Kranke von hartnäckigen Rheumatismen und Lähmungen sogar in 3—4 Tagen hergestellt würden. Selbst Auszehrende sollen hier nach Percival ihre Heilung finden (S. 153). Zweifelhafter erscheint dagegen Kraufs Angabe über die Wirksamkeit der Heilquelle bei gichtischen Leiden (S. 158), indem Sparrmann, der selbst Mediciner war und längere Zeit die Kur gebrauchte, ausdrücklich angibt, dafs es in der Gicht nicht von besonderem Erfolge sei. Le Beck äufsert sich hierüber nur zweifelhaft. Die Hauptwirksamkeit der Therme besteht übrigens in dem Hervorrufen einer heftigen Transpiration, die dadurch befördert wird, dafs sich der Kranke nach jedem Bade, wovon er oft 2—3 im Tage nimmt, in wollene Decken gehüllt, niederlegt und in Ruhe den noch durch beständiges Trinken des Thermalwassers geförderten Schweifs abwartet (Le Beck 266). Wie bei der Brandvalleytherme erfordert jedoch der Gebrauch des Bades Vorsicht, weil leicht Ohnmachten eintreten, wenn man länger als 10 Minuten darin verbleibt. Schon zu Le Becks Zeit war es Sitte, dafs man den Strahl aus der erhabenen hölzernen Rinne, welche das Wasser in ein tiefer gelegenes Becken leitete, als Douche benutzte, indem man ihn senkrecht auf die schmerzenden Theile des Körpers fallen liefs. Bei allen Kranken erweckt der Genufs des Wassers erstaunlichen Appetit. Diät wurde besonders in älteren Zeiten wenig beachtet, nur den Genufs von Speck vermied man.

[1]) Le Beck 266.

[2]) Barrow I, 355. Kraufs spricht sogar noch nach im Jahre 1840 gemachten Erfahrungen von der unzweckmäfsigen Fassung der Therme, was erweist, dafs der in neuerer Zeit häufigere Gebrauch derselben wenigstens nicht verbesserten Einrichtungen

Theil des in ihr wirkenden Princips, des Eisens, auf dem Wege von der Mündung nach dem etwas entfernten Badehause verliert. Die hiesigen Thermen gehören übrigens zu den am frühesten bekannten der Caplande, indem schon die ursprünglichen Landesbewohner, die Hottentotten, sich ihrer mit Nutzen in Gallenkrankheiten bedienten. Sie wurden deshalb bereits von Kolbe, einem der ältesten Berichterstatter über das Capland in einem weitläuftigen und anerkennenswerth genauen Artikel [1]) seines grofsen Werks über das Capland, später auch durch einen zweiten Deutschen Namens Menzel [2]) beschrieben, während zu Menzels Zeit, dessen Werk freilich auf früher gesammelten Materialien beruht und erst im J. 1788 erschien, die Brandvalleytherme fast ganz unbeachtet gewesen sein mufs, indem dieser Berichterstatter ihrer nur ganz oberflächlich gedenkt, so dafs man sich damals der jetzigen Caledonquelle fast ausschliefslich in Krankheitsfällen bedient zu haben scheint [3]). Dies ist in der That auffallend, da die geringe Entfernung des Brandvalley von Stellenbosch, einer der frühesten und bedeutendsten Ansiedelungen der Europäer im Capland und zugleich von anderen ähnlichen am Schlusse des 17. Jahrhunderts vorhanden gewesenen die Vermu-

---

zuzuschreiben ist. Jetzt ist ein Engländer Richards Eigenthümer derselben; v. Meyer 218.

[1]) Vollständige Beschreibung des Africanischen Vorgebirges der guten Hoffnung. Nürnberg 1719, 280 — 282. Selbst eine Gebrauchsanweisung fügt Kolbe hinzu.

[2]) Vollständige und zuverlässige geographische und topographische Beschreibung des Vorgebirges der guten Hoffnung. 2. B. Glogau II, 165.

[3]) Indem er nämlich von der Existenz zweier warmen Quellen in dem ehemaligen Districte Waveren spricht (II, 105), von denen die eine die Brandvalleytherme weitläuftig, die andere aber nur ganz kurz von ihm erwähnt wird, sieht man, dafs er von der letzten keine genügende Kenntnifs gehabt hatte.

thung hätte erwecken können, dafs schon damals eine speciellere Beachtung der in Rede stehenden Therme statt gefunden haben dürfte. Von unserer Therme erfahren wir indessen aus dem verflossenen Jahrhundert, dafs, als der bekannte schwedische Naturforscher Sparrmann im Jahre 1775 durch ihren Gebrauch von den Folgen der Erkältungen, die er sich bei der Begleitung Cap. Cooks während dessen Südpolarreise zugezogen hatte, geheilt wurde, bereits durchschnittlich 150 — 200 Personen während jedes Jahres die Therme benutzt hätten [1]). Seit der englischen Besitznahme des Caps wurde aber diese Zahl immer gröfser, indem nächst den englischen Bewohnern der Capstadt namentlich zum Englisch-Indischen Dienst verwandte Officiere und Beamte hier Genesung und Stärkung ihres durch das heifse Klima erschlafften Körpers hofften und meist auch erlangten. Für die Heilung namentlich der in Indien so gewöhnlichen und schmerzhaften, von dem Einbohren langer Würmer in die Wade herrührenden Geschwülste erweist sich die Caledontherme sehr wirksam, ja sie übertrifft, wie versichert wird, in den Wirkungen ungeachtet ihrer niedrigeren Temperatur die Brandvalleytherme. Kraufs fand nämlich die Temperatur des einen gröfseren Quellenarms zu 46°, des andern zu 47°,5 C. [2]), Lichtenstein dieselbe nur zu resp. 37,5 und 36,2 [3]), Burchell im Allgemeinen etwas höher zu 47,7 [4]), und v. Meyer zu 47,2 [5]). Nach Backhouse Versicherung [6]) variirt die Temperatur der hiesigen Quellen zwischen 40 und 35°, nach Itier [7]) und Methuen [8]) sinkt

---

1) A. a. O. I, 122.
2) S. 157.
3) II, 233.
4) I, 95.
5) S. 218.
6) S. 94.
7) Comptes rendus XIX, 969.
8) Life in the Wildernefs. 20.

sie sogar bis 33° hinab [1]). Dicke Dämpfe bedecken die Quellen fortwährend bis auf viele 100 Schritte von dem Becken, woraus sie hervortreten. Da jedoch die Temperatur bei Weitem nicht den Kochpunkt erreicht, so müssen es starke Kohlensäureentwickelungen, wie bei der Brandvalleytherme sein, welche die Dämpfe bilden. Wirklich fand Lichtenstein das Mineralwasser merklich prikkelnd [2]) und Percival sogar sauer [3]). Damit stimmt auch Sparrmanns Erfahrung, der viele Luftblasen aus dem Wasser entweichen sah, als er es in Flaschen mit engem Halse schüttelte [4]), wohl überein. Gleichfalls spricht dafür desselben Reisenden Erfahrung, wenn es noch einer bedürfte, dafs sich kleine Wolken bildeten, als er das Thermalwasser mit Kalkwasser mengte, so wie Percivals Angabe, dafs in das Wasser geworfene feste Körper ein schnelles Aufsteigen von Luftblasen und zischende Bewegungen veranlafsten [5]). Den reichen Eisengehalt der Caledonquellen

---

[1]) Die höchste Temperaturangabe finden wir übrigens bei Patterson, welcher dem einen Hauptarm 56,° C., dem zweiten aber nur 48,8° gibt. Letztere Angabe stimmt recht wohl mit einer neueren, muthmafslich aber nur von Burchell entlehnten des Herrenhuter Prediger Latrobe (Tagebuch einer Besuchsreise nach Süd Africa. Aus dem Englischen übersetzt von Fr. Hesse. Halle 1820, 68), der diese Temperatur zu 118° F. oder 47,°7 C. setzte, überein. Besitzt endlich eine der unbenutzten hiesigen Quellen, wie versichert wird, sogar eine noch höhere Temperatur, so gehört dieselbe doch schwerlich zu einem der beiden Hauptarme. Uebertrieben dürfte jedoch unter allen Umständen Massons Behauptung (Phil. Transactions a. a. O. 274) sein, dafs das hiesige Thermalwasser brühend heifs (scalding hot) erscheine.

[2]) II, 233.

[3]) S. 150.

[4]) Gleiches war der Fall, als Le Beck (S. 271) das Wasser aus einer Flasche in eine andere übergofs.

[5]) Le Beck vermochte sogar Lakmuspapier durch das Thermal-

erweist endlich noch der Umstand, dafs dieselben auf der Oberfläche mit einer bläulichen Eisenhaut überzogen sind [1]), und dafs sie sich im Augenblick ihres Hervortretens an die Atmosphäre durch das ausgeschiedene freie Eisenoxydhydrat braun färben [2]). 2—300 Yards von der Mündung hört jedoch die Trübung auf und das Wasser bleibt von da an klar. In Krügen aufbewahrt setzt es viel Eisenocker ab [3]). Es ergibt sich aus allem diesem, dafs die Heilquelle eine entschiedene Stahltherme ist und sich wesentlich von der Brandvalleytherme unterscheidet, die angegebenermafsen eine alkalische Therme ist, worin sogar gar kein Eisen enthalten zu sein scheint. In unserer Therme sollen dagegen aufser Eisen noch alkalische Salze enthalten sein, indem wenigstens in neuerer Zeit Itier [4]) und Methuen [5]) mit Bestimmtheit den Gehalt derselben an Chlornatrium versichern, und Kraufs [6]) von Spuren von Chlormagnesium und schwefelsaurem Natron spricht [7]). Mit diesem mineralischen Character stimmen wirklich die directen chemischen Versuche von Sparrmann, Le Beck, Kraufs u. a. überein. So erhielten Sparrmann [8]) und Le Beck [9]) mit Galläpfelauflösung eine braune, mit Theeinfusion schwarze Färbungen des Mineralwassers und gleich-

wasser zu röthen (S. 271), was mit dem Thermalwasser der Brandvalley nicht anging. Dagegen versicherte Sparrmann, dafs es ihm nicht gelungen sei, die Farbe von Lackmus und Veilchensyrup dadurch zu verändern.

[1]) Kolbe 280; le Beck 263.

[2]) Kraufs 157.

[3]) Le Beck 271.

[4]) Comptes rendus XIX, 969.

[5]) Life in Wildernefs S. 20.

[6]) S. 158.

[7]) v. Meyer sagt nur ganz allgemein, dafs in der Caledontherme Salztheile enthalten seien.

[8]) I, 144.

[9]) S. 263.

zeitig erwies die opalartige Trübung, die Sparrmann [1]) mit Silberauflösung, Le Beck [2]) mit Goulardschem Wasser darin hervorbrachten, dafs Chlorsalze bestimmt nicht fehlen. Schwefelwasserstoffgas scheint jedoch nicht in der Therme enthalten zu sein, indem lange in dieselbe gelegtes Silber keine Spur von Schwefel und Bleisalzauflösungen, so wie Chlorsilberniederschläge keine dunkle Färbung zeigten [3]). Diefs stimmt wirklich vollkommen mit Kraufs Versicherung, dafs er in der Hauptquelle von Caledon keinen Schwefel habe entdecken können und überhaupt mit Thunbergs bestimmtem Ausspruch [4]), dafs die Therme nicht schwefelhaltig sei. So sagt auch Sparrmann, dafs vom Schwefel hier weder durch Geruch, noch durch Geschmack etwas zu entdecken sei, und es ist deshalb sicherlich irrig, dafs die Landesbewohner behaupten, dafs die Quelle nach Schwefel schmecke, und dafs Percival sogar von einer hiesigen Quelle ausdrücklich versichert, dafs dieselbe durch ihren ekelhaften Geruch an die kalte Quelle von Harrowgate in England, ein bekanntes Schwefelwasser, erinnere [5]). In früherer Zeit soll übrigens von dem Wasser viel nach Holland versandt worden sein und einheimische Kranke führten es, wie erwähnt, nach Hause, um es als Nachkur zu gebrauchen [6]).

---

[1]) I, 143.

[2]) S. 263.

[3]) Von Sparrmann (I, 144) und Thunberg mit essigsaurem Blei erhaltene Niederschläge waren nämlich weifs und muthmafslich nur Gemenge von Chlorblei, kohlensaurem und schwefelsaurem Bleioxyd. Die mangelnde Trübung erweist dagegen den Mangel des Schwefelbleies in dem Niederschlage.

[4]) I, 241.

[5]) S. 150. So ist also auch Burchells Angabe, dem Jameson folgte (a. a. O. 406), dafs die Therme Schwefel enthalte, unzweifelhaft unrichtig.

[6]) Le Beck 263, 267.

Der reiche Gehalt der Therme an Eisen, der sich auch auf dem Boden von Krügen durch einen starken Absatz von Eisenocker und auf dem Grunde des Abzugscanals durch einen so ungemein häufigen und reinen Niederschlag von orangefarbenem oder hellbraunem Eisenocker kund gibt, dafs man denselben zu Kolbes Zeit sammelte und als Farbematerial benutzte [1]), ist zunächst Veranlassung, dafs dieselbe zu häuslichen Zwecken, namentlich in der Küche und zum Waschen von Leinenzeug durchaus nicht brauchbar ist, indem die Wäsche des Badenden dadurch gelbe, schwer vertilgbare Flecke erhält [2]), und weil Fleisch, das mit dem Thermalwasser gekocht wird, nie gute Suppen liefert [3]). Dagegen wirkt das Thermenwasser sehr günstig auf die Vegetation [4]) und es besitzt zugleich ein ebenso merkwürdiges Belebungsvermögen organischer Substanzen, als das des Brandvalley, indem verwelkte Pflanzen ihre ursprüngliche Frische und Schmackhaftigkeit durch Eintauchen wiedererlangen und zusammengefallener Kopfsalat einen Geschmack, wie frisch abgeschnittener, erhält [5]). Da endlich die hiesige Temperatur weniger hoch, als die der Brandvalleyquelle ist, so wächst in dem warmen Wasser selbst Cliffortia odorata, eine in Süd Afrika als Hydrophyl sehr wohl bekannte Pflanze, so wie auch die Wurzeln von Pelargonium grossularoides, Restis verticillatus

---

[1]) S. 282

[2]) Kolbe 282; de Jong II, 122; Le Beck 265.

[3]) de Jong II, 122. Kolbes entgegengesetzte Angabe, dafs das hiesige Thermalwasser zum Kochen brauchbar sei und dafs er es sogar selbst zum Fleischkochen benutzt habe (283), erscheint deshalb in der That auffallend, wird jedoch durch Le Becks Versicherung (267), dafs viele Kranke ihre Speisen mit dem mineralischen Wasser zubereiten lassen, bestätigt.

[4]) Man leitet es deshalb zur Bewässerung auf die hiesigen Felder und Gärten.

[5]) de Jong II, 122—123; Le Beck 265.

und verschiedene Lobelien ohne Nachtheil davon bespült werden [1]). Von Interesse ist es endlich, dafs sich hier, wie im Brandvalley, in nur kleiner Entfernung von den warmen eine gewöhnliche kalte Quelle des herrlichsten Wassers findet, das, da es gleichmäfsig zum Waschen und Kochen brauchbar ist, in seiner Natur völlig von dem Thermalwasser zu unterscheiden scheint. Sparrmann [2]), Patterson [3]), Le Beck [4]) und de Jong [5]) waren die ersten, welche die Existenz der kalten Quelle erwähnten [6]), später geschah dies noch durch Latrobe [7]) und Burchell [8]), und namentlich de Jong erinnerte dabei mit Recht an die Verhältnisse der Quellen zu Aix in der Provence, wo auf der grofsen, le Cours genannten Promenade zwei kalte Brunnen neben einem warmen vorkommen, was bekanntlich Arago und Freycinet in neuerer Zeit zu einer interessanten und scharfsinnigen Erörterung über die Entstehung der Aixer Therme aus den benachbarten kalten Quellen veranlafst hat [9]).

Auch die geognostischen Verhältnisse der Umgebung unserer Therme sind nicht ohne Bedeutung und haben zu

---

[1]) Sparrmann I, 151; Burchell I, 99.

[2]) I, 142.

[3]) S. 16. Patterson spricht sogar von einem ganzen Strom kalten Wassers in dieser Localität.

[4]) S. 262.

[5]) II, 123.

[6]) Nur weicht Le Beck darin von den übrigen Berichterstattern ab, dafs er die kalte Quelle im mineralischen Gehalt den warmen vollkommen gleich fand, was höchst wahrscheinlich auf einem Irrthum beruht. Latrobe nennt dieselbe ebenfalls mineralisch, jedoch von einer von der Therme abweichenden mineralischen Beschaffenheit.

[7]) S. 68. Namentlich berichtete dabei Latrobe, dafs die kalte Quelle grade zwischen zwei warmen zum Vorschein kommt.

[8]) I, 95.

[9]) Comptes rendus de l'Acad. de Paris 1835. I, 446. II, 264, 360, 408.

mannigfachen und, wie es scheint, zum Theil selbst sehr irrigen Ansichten Veranlassung gegeben. Auf mehrere hundert Schritte rund um die Quellenmündungen finden sich nämlich ansehnliche Ablagerungen von Eisenmassen, die vorzugsweise aus Eisenoxydhydrat bestehen und theils in schwarzen, dichten, harten und schweren [1]), vielfach auch in porösen Blöcken [2]), theils aber auch als eine dunkelschwarze, leicht färbende rufsähnliche Substanz auftreten [3]), welche Sparrmann sogar für einen Staub erklärt hat, der aus festen Massen durch Zermalmung mittelst Wagenrädern entstanden sei. Die festen Massen sind hier jedoch in solcher Menge vorhanden, dafs sie einen kleinen Hügel bilden [4]). Ihr zum grofsen Theil eigenthümliches, schlakkenähnliches Ansehen veranlafste ältere besonnene Beobachter, wie Thunberg [5]) und Sparrmann [6]), sie für Lava zu erklären, und namentlich glaubte Sparrmann, dem die vulcanischen Gebilde auf den Inseln der Südsee und Ascensions aus eigener Anschauung wohl bekannt waren, an dem Hügel Spuren ehemaligen Lavaflusses zu sehen. Er verglich die porösen Eisenerze ausdrücklich mit den Laven Ascensions. Unter diesen Umständen darf man sich nicht wundern, bei weniger unterrichteten Reisenden ähnliche Aussprüche anzutreffen, wie denn z. B. Percival [7]) die fraglichen Gesteine ebenfalls für Lava erklärte und versicherte, sie trügen alle Zeichen an sich, dafs sie durch gewaltsame Zerrüttungen aus der Erde geworfen seien, ja de Jong [8]) genügte sogar der hohle Ton

---

[1]) Le Beck 262; Burchell I, 95.

[2]) Le Beck 262; Kraufs 158.

[3]) Thunberg I, 241; Sparrmann I, 150; Kraufs 158.

[4]) Thunberg I, 250; Kraufs 159.

[5]) I, 241.

[6]) I, 150.

[7]) S. 151.

[8]) II, 124.

des mit einem Stock geschlagenen Bodens, an dieser Stelle einen ausgebrannten Feuerberg zu sehen, weil bei der Solfatara Neapels eine ähnliche Erscheinung wahrzunehmen sei. Die durch die geographische Lage allerdings nicht gerechtfertigte aufserordentliche Trockenheit des Caplandes glaubte endlich Sparrmann, den richtigen Grund derselben übersehend, durch die nahe unter der Oberfläche fortdauernde austrocknende vulcanische Hitze erklären zu können. Selbst in neuester Zeit fehlte es nicht an Anhängern dieser Ansicht, und namentlich schlofs sich Backhouse denselben dahin an, dafs er die Eisenerzmassen für Theile eines Basaltganges erklärte [1]), dessen Durchbruch die Thermen an die Oberfläche gebracht habe. Sicherlich richtiger erklärte dagegen Jameson freilich nur nach Handstücken die Eisenerze für Sumpferze [2]), also für neptunische Gebilde, bewogen dazu ohne Zweifel durch die Porosität derselben, die sie dem europäischen Raseneisenerz, zugleich aber auch wahren Schlacken sehr ähnlich macht. Nicht unwahrscheinlich liegt hier die Wahrheit in der Mitte und es läfst sich vielleicht Araufs Ansicht, dafs die Eisenmassen unmittelbar aus den reichen Niederschlägen der Thermen entstanden sind, mit der von Jameson und der entgegengesetzten Sparrmanns und Thunbergs durch die Annahme vereinigen, dafs das Thermalwasser, als theilweises Product unterirdischer feuriger Processe, sich in den tiefen bassinartigen Stellen der hiesigen Oberfläche mit kalten eisenhaltigen Quellen, deren es mehrere bekannte in der Nachbarschaft gibt [3]), vereinigt habe und dafs durch die Niederschläge beider zusammen die Bildung der hiesigen Eisenmassen erfolgt sei [4]).

---

[1]) S. 94.

[2]) Narrative of discovery. 3. Ed. 406.

[3]) Sparrmann I, 132.

[4]) Die Härte, Schwere und Festigkeit der Eisenblöcke gibt übri-

In Bezug auf die übrigen geognostischen Verhältnisse dieser Localität wissen wir nur, dafs der Zwarteberg, an dessen Fufs die Caledonthermen entspringen, aus rothem Sandstein besteht, dafs aber mit Thonschiefern wechselnde Grauwacken [1]) das herrschende Gestein der hiesigen Gegend bilden, so dafs, grade wie im Brandvalley, die Thermen aus sogenannten Ur- oder Uebergangsgebirgsgesteinen hervorbrechen. Ob es in früherer Zeit in der Gegend mehrere ähnliche jetzt versiegte Thermen gegeben hat, ist nicht mit Bestimmtheit zu ermitteln, doch, wie es scheint, nicht unwahrscheinlich, da Kraufs gleichfalls oberhalb der heutigen Thermen Eisenerzmassen abgelagert fand [2]), die nach ihrer Lage unmöglich Producte derselben sein können [3]). Selbst noch 6 Stunden nördlich Caledon erfüllen nach dem genannten Berichterstatter Massen derselben Art Vertiefungen des Bodens bei der bekannten Herrenhuterstation Genadenthal [4]). Andere mit den schlackenartigen porösen Eisensteinen Caledons gleichfalls, wie es scheint, übereinstimmende Eisenerze, führt endlich noch Barrow in dem weiter im Norden gelegenen Onder Bockevelddistrict des Caplandes, wo dergleichen im Ueberflusse vorkommen sollen, an [5]), aber von Thermen gibt es hier

---

gens keinen Grund gegen die Annahme, dafs dieselben Producte der Thermen sein möchten, indem auch die aus kalten eisenhaltigen Wassern entstandenen norddeutschen Sumpferze bekanntlich theilweise aus pulvrigem gelbbraunem Eisenocker, theilweise aber auch aus festen harten Massen bestehen.

[1]) Kraufs 159. Das in der Nähe der Therme anstehende Gestein ist sehr eisenschüssig (Patterson 16).

[2]) A. a. O. 159.

[3]) Dafs jedoch die schwarze pulverförmige Substanz nach oben zu abnimmt, bemerkt Latrobe ausdrücklich (69).

[4]) Kraufs meinte jedoch (159), dafs die Genadenthaler-Massen auf hier einst vorhanden gewesene Thermen hinweisen.

[5]) A. a. O. II, 357.

so wenig Spuren, wie bei den Eisenerzablagerungen Genadenthals.

Dreifsig Stunden wiederum NO. von Caledon und OSO. von Brandvalley gibt es eine dritte Therme unmittelbar am nördlichen Eingange in den spaltenartigen Pafs der Kockmanskloof, welche die Verbindung des breiten, zwischen den Grooten Zwartebergen und einer südlichen, die Langeberge genannten, der ersten parallelen Gebirgskette liegenden Longitudinalthals und der tieferen Stufe des Breederivierthals bildet [1]). Die Therme tritt hier geruch- und geschmacklos mit 4 Fufs Stärke und 44° C. Temperatur abermals in der Nähe von kalten Quellen zu Tage [2]). Der geringeren Wärme wegen wachsen in derselben verschiedene Pflanzen, namentlich Conferven und Gräser, z. B. Cyperus polystachys; sie steht deshalb auch der Caledontherme näher, als der Brandvalleytherme, aber im mineralischen Character zeigt sie eine gröfsere Uebereinstimmung mit der letzten, indem sie kein Eisen absetzt, wohl aber Chlorsalze und vorzugsweise Kochsalz enthält [3]). Noch eine Stunde weiter oberhalb gibt es eine zweite etwas stärkere, sonst aber in ihren Eigenschaften mit ihr übereinstimmende Thermalquelle, wie Kraufs in Erfahrung brachte. Die mannigfachen und grofsartigen Störungen in der Lagerung der hiesigen Felsmassen, wodurch deren Schichten eine gegen den Horizont in allen Richtungen geneigte Stellung erhielten, und die Felsenmassen sich zu wilden grotesken Gruppen gestalteten, macht wiederum, wie Kraufs bereits bemerkte, einen Zusammenhang der Catastrophe, wo-

---

[1]) Der schon erwähnte neuere französische Reisende Itier führt diese bei Burchell (I, 96) bereits vorkommende Schlucht unter dem irrigen Namen der Coymanskloof (Comptes rendus XIX, 969) auf.

[2]) Kraufs 159; Itier gibt ihr 45° C.; ebenso Montgomery Martin in s. History of the British Colonies. Lond. 1835. IV, 49.

[3]) Itier XIX, 970.

durch die Zerspaltung der Gebirgsmassen veranlafst wurde mit dem Erscheinen der Thermen in dem tiefen Grunde der Thäler in der That in hohem Grade anschaulich [1]).

Uebersteigt man endlich von Zwellendam die Langenberge grade nach Norden zu, so findet sich eine abermalige Quelle von höherer Temperatur östlich von der Kokmanskloofthermе und zugleich am nördlichen Fufse der Langenberge in dem bereits erwähnten grofsen Longitudinalthale. Sie wurde nach Menzel [2]), dem einzigen Autor übrigens, der sie erwähnt, um der Mitte des vorigen Jahrhunderts entdeckt. Von ihrem mineralischen Character, und ihrer Temperatur sagt derselbe jedoch nichts, und so ist auch jetzt noch hierüber nicht das Mindeste bekannt. Nur die Stelle der Therme kennen wir ziemlich durch Wyldt, den Verfasser der Karte von Süd-Africa zu Backhouse Reisewerke, in welchem die Therme jedoch selbst nicht weiter beschrieben wurde. Aus welchen Quellen ferner Weylandts zn Weimar im Jahre 1840 erschienene Karte von Süd-Africa Kunde von der hier erwähnten Therme erhalten hat, ist mir unbekannt; sie versetzt nämlich grade, wie Wyldt, eine heifse Quelle nördlich von Zwellendam. Unzweifelhaft ist dieselbe aber verschieden von der der Kockmanskloof, da letztere viel zu weit im Westen von Zwellendam liegt, als dafs beide identisch sein könnten. Die Entfernung übrigens der Localität der eben in Rede stehenden Therme von allen durch die Langenberge führenden Pässen, weshalb auch Reisende so selten in

---

[1]) Braufs spricht sich über diese geognostischen Verhältnisse ebenso bestimmt aus, wie früher Lichtenstein über die Entstehungsweise des Mostershoeckthal, indem er mit Bestimmtheit erklärt, dafs wenige Stellen der Cap Colonie dem Gebirgsforscher eine deutlichere Anschauung der Störungen gewähren möchten, durch welche einst der hiesige rothe Sandstein betroffen wurde.

[2]) A. a. O. II, 118.

denjenigen Theil des Longitudinalthals gelangen, wo jene liegen soll, macht es erklärlich, dafs sie bis jetzt noch völlig unbeachtet geblieben ist.

Wendet man sich endlich weiter noch in dem erwähnten Longitudinalthale gegen ONO. zu, so trifft man in demjenigen Theile desselben, welcher die Grooten Zwarteberge von einem östlichen, gleichfalls ihnen parallelen Bergzuge, den Koomassiebergen trennt, in etwa 23° OL. nochmals eine Therme in der Nähe der die Zwarteberge durchbrechenden Schlucht, welche dem östlichen Elephantenflufs (Olifant rivier) einen Weg aus dem hohen Binnenplateau der Karró in das Längenthal eröffnet, worin derselbe dann seinen Weg fortsetzt. Diese von Masson zuerst erwähnte Therme [1]) entspringt aus einem Becken von 5—6 Fufs Durchmesser in einer sumpfigen Localität, wo der Boden durch unregelmäfsig gestaltete, schwere, gleichsam geschmolzen erscheinende und mit braunem Eisenoxydhydrat gemengte Blöcke von Eisenstein gebildet wird [2]). Patterson gibt der Therme eine Temperatur von 42,2 - 42,50 [3]), Kraufs von 45 [4]), während Barrow berichtet, dafs die Temperatur der einzelnen Arme verschieden sei, nämlich 43,3; 42,2; 40,5 und 35°. Durch ihren tintenhaften Ge-

[1]) Philosophical Transactions von 1776, 298. Weder Masson, noch irgend ein anderer Berichterstatter gibt der Therme einen Namen mit Ausnahme von Kraufs, der sie die Therme von Keure Fontein, muthmafslich aber irrig, nennt, da der sonst so genaue Barrow (I, 355) von der Keure Fontein nur als von einer starken kalten Wasserquelle spricht, obwohl er in deren Nähe allerdings ausdrücklich auch der Existenz einer warmen gedenkt.

[2]) Barrow I, 354, der von den Eisensteinen zugleich vermuthungsweise ausspricht, dafs sie dem Anscheine nach 60—70 Procent Metall enthalten. Den Boden rund um die Therme nennt übrigens dieser Berichterstatter einen schwarzen torfigen.

[3]) Narrative. Deutsch von Forster. Berlin 1790, 24.

[4]) S. 160.

schmack, ihr Trübwerden gleich beim Heraustreten an die Atmosphäre, ihren reichlichen Absatz in den Abzugscanälen ist auch diese Quelle als bestimmte Stahltherme characterisirt [1]), und es ist zugleich natürlich, dafs Kohlensäure aus ihr in Menge hervortritt. Nach einer durch Kraufs erwähnten qualitativen Untersuchung enthält sie nächst reichem Eisengehalt Chlorsalze, eine Spur kohlensauren Kalks und eine kaum erkennbare von Sulfaten. Er fand sie gleichzeitig geruchlos. Ihre Stärke ist so bedeutend, dafs sie sofort einen Bach bildet, der nur wenige Schritte von seinem Ursprunge zwei Mühlen treibt und jetzt noch, wie zu Massons Zeit, mit Nutzen zum Bewässern von Gärten und Weinbergen dient. In medicinischer Hinsicht soll dieselbe der Caledoner nachstehen, doch wird sie von den Landesbewohnern fortwährend und mit Nutzen trotz der mangelhaftesten Einrichtungen in Hautkrankheiten, Gicht, Rheumatismen und Gliederlähmungen gebraucht. In ihrer unmittelbaren Nähe existirt ferner auf einer Fläche von 100 Fufs Peripherie ein aus festem Eisenoxydhydrat, gleich den Massen von Caledon, bestehender Hügel von 25 Fufs Höhe, der seinerseits gleichfalls ein Product der Therme zu sein scheint [2]). — Weiter im Westen, denselben Elephantenflufs abwärts, findet sich in unserem Thale, da wo es das Channaland von den Landesbewohnern genannt wird, eine abermalige warme Quelle ganz in der Nähe der Schlucht, worin der Gamkaflufs, grade so wie der östliche Elephantenflufs, seinen Weg aus dem Binnenplateau quer durch die Grooten Zwarteberge nach der Küstenstufe nimmt. Die Stelle dieser Therme finde ich nur auf der von der Gesellschaft für nützliche Kenntnisse (Society of useful Knowledge) zu London im Jahre 1845 herausgegebenen

---

[1]) Kraufs 160. Auch Patterson nannte bereits die Therme stark mit Eisen geschwängert.

[2]) Kraufs 160.

Charte von Süd Africa und neuerlichst wiederum auf dem Chärtchen zu Cent. Chase Werk: The Cap of Good Hope and the Eastern provinces of Algoa Bay. London 1843 vermerkt. Den einzigen Reisenden aber, denen wir nächst Kraufs, der sie jedoch nicht selbst sah und nur erfuhr, dafs sie mit der geschilderten im oberen Thale des Elephantenflusses übereinstimmt [1]), einige Kunde über die hiesige Therme verdanken, waren schon in früherer Zeit Patterson [2]) und Thunberg [3]), indem kein späterer dieselbe seiner Aufmerksamkeit gewürdigt hat. Der Erste bestimmte die Temperatur derselben zu 43,3, und auch Thunberg fand die Quelle warm, aber nicht kochend und ihre Mündung mit einer blauen, von schlackenähnlichen Eisenmassen begleiteten Erde umgeben. Der Geschmack des Thermalwassers ist übrigens tintenartig, der Geruch stark, ohne dafs Thunberg denselben bestimmter characterisirt hätte. Sehr auffallend ist in der That noch Thunbergs Angabe, dafs das hiesige Wasser zum Waschen von Leinen tauglich sei und diese nicht beflecke, indem er doch versichert, dafs Theeinfusionen durch das Wasser bläulich, Chinapulver schwärzlich gefärbt würde, und dafs die Oberfläche der zu Tage tretenden Therme sich sofort mit einem bläulichen Häutchen bedecke, alles nämlich Eigenschaften, welche dieselbe mit der Caledoner gemein hat und die zugleich mit den Eisenerzniederschlägen mit Bestimmtheit

---

[1]) S. 161.

[2]) S. 38.

[3]) Resa II, 111—113. Ich setze nämlich voraus, was durch Thunbergs Reiseroute gerechtfertigt scheint, dafs die von ihm beschriebene Stahlquelle am östlichen Elephantenflusse nicht die obere ist. Wäre sein Werk von einer Reisecarte begleitet, so liefse sich darüber allerdings sicherer urtheilen. Bei dieser Ungewifsheit und, da Kraufs seine Nachricht nicht aus eigener Anschauung schöpfte, habe ich mit Absicht in S. 13 nur eine Stahltherme am östlichen Elephantenflusse angeführt.

darauf hinweisen, dafs sie eine Stahltherme sein mufs. Gleich der Caledoner scheint die hier in Rede stehende Therme auch salzartige Verbindungen zu enthalten, indem **Thunberg** an derselben dünne, zerbrechliche, glänzende schuppenartige Blättchen antraf, die er jedoch nicht untersucht zu haben scheint, wohl aber ohne Weiteres für Eisenerz erklärte. Die capischen Bauern hielten dieselben sogar für Silber. Bemerkenswerth ist endlich noch die Behauptung der Landesbewohner, dafs weder Regen, noch Trocknifs auf die Stärke der Therme einen Einflufs ausüben, was dagegen durch Gewitter geschehen soll. Von den 3 Armen, womit die Quelle zu Tage tritt, ist der untere der wasserreichste. Er zersplittert sich in eine ganze Menge kleinerer und gröfserer Adern, von denen die gröfseren bis einen Klafter Durchmesser besitzen. Man bedient sich dieser Therme sowohl zum Trinken, als Baden. Zum Behufe des letzteren setzt sich der Kranke direct über die Mündungsstelle mehr oder minder tief in das Wasser. Vorsicht ist aber auch hier des heftigen Blutumlaufs wegen höchst nothwendig. Am frühen Morgen und bei Sonnenuntergang ist, wie bei dem Gebrauch aller mineralischen Heilquellen, der Nutzen der Bäder am stärksten [1]).

In der Nähe der Südküste des Caplandes, 4 Stunden nur von dem Districtsorte Ujtenhagen haben wir in neuerer Zeit abermals warme Quellen an der Westseite des kleinen Koëgaflusses, ganz in der Nähe einiger kalten, kennen gelernt. Aelteren Reisenden unbekannt geblieben, wurden dieselben zuerst auf Centilivre Chases grofsen Karte des östlichen Caplandes (2. Auflage 1838) vermerkt und dann durch Capt. **Alexander** irrig als eine merkwürdig heifse Schwefelquelle erwähnt [2]), während dieselben nach **Kraufs**

---

[1]) Muthmafslich sind übrigens die beiden beschriebenen Stahlquellen am östlichen Elephantenflusse dieselben mit denen, welche sich nach **Barrow** (II, 364) hinter den Zwartebergen finden.

[2]) Narrative of a voyage of observation among the colonies of

entschiedene Stahlthermen sind [1]), die an den Seiten eines bis 200 Fufs über dem benachbarten Meeresspiegel sanft ansteigenden Hügels emportreten. Die bedeutendste unter ihnen entspringt nach Kraufs Wahrnehmungen aus einer Oeffnung von 2 Fufs Durchmesser in der Wand eines 6 bis 7 Fufs tiefen Kessels mit solcher Kraft, dafs ein Mann, der sich gewaltsam in die Oeffnung hineinzupressen versuchen wollte, wie ein Kork, in die Höhe gestofsen würde. Der starke Strom in derselben führt zugleich viel Sand aufwärts, obgleich die Ruhe der mit einem Eisenoxydhydrathäutchen bedeckten Oberfläche nichts von der tieferen wühlerischen Kraft wahrnehmen läfst. Auch die Temperatur dieses stärksten Quellenarmes ist höher, als bei einem der übrigen, sie beträgt 31° C. bei 21° Lufttemperatur. Der Geschmack des Thermalwassers übrigens ist stets rein und eisenhaft. Diefs, der gelbe Eisenockerniederschlag, theils unmittelbar aus den Quellen, theils aber auch aus dem von ihnen gebildeten warmen Bache, endlich das Eisenhäutchen auf der Oberfläche erweist deutlich, dafs Kraufs Angabe, die Therme sei eine Stahlquelle, völlig begründet ist [2]). Nächst Eisencarbonaten mögen auch Sulfate darin vorkommen, aus denen der Boden rund um die Mündung derselben sogar wesentlich bestehen soll. Nach einer von Herrn Kraufs mitgetheilten Angabe eines Dr. Mair entwickelt sich beim Aufrühren des Bodens Schwefelwasserstoffgas, was zwar durch Kraufs selbst bezweifelt

---

Western Africa. 2 Vol. London 1837. II, 311. Das Werk führt noch den zweiten Titel: Excursions in Western Africa and narrative of a campaign in Kafir Land.

1) A. a. O. 161—163.

2) Ganz übereinstimmend mit diesen Angaben berichtet auch Chase ausdrücklich in seinem angeführten Werke S. 63, dafs es 7 englische Meilen von Ujtenhagen in der Nähe des Koëga Rivier eine starke (fine) heifse Stahlquelle gebe, welche von rheumatischen Patienten viel mit Vortheil gebraucht werde.

wird, muthmafslich aber richtig ist, indem auch Letzterer grade im benachbarten Boden kohlige Reste fand, deren Einwirkung auf die Sulfate unzweifelhaft eine fortgehende Zersetzung derselben, so wie die Entstehung von Schwefelwasserstoffentwickelungen zur Folge hat. Dafs wirklich solche Zersetzungen stattfinden, scheint in der That mit Kraufs eigner Wahrnehmung eines schwach schwefligen Geruchs völlig im Einklang zu stehen. Sicherlich mit mehr Recht bezweifelt dagegen der eben genannte Reisende Mairs zweite Angabe [1]), dafs in dieser Gegend einst ein Vulcan existirt habe, indem Mair muthmafslich nur durch das schlackenähnliche Ansehen der festen hier, abermals vorkommenden Eisenmassen, welche ganz den Caledoner und denen am Elephantenflusse gleichen sollen, zu einer Verwechslung derselben mit wahren vulcanischen Producten verführt wurde. Sonst ist der Boden rings um die Therme eine schwarze, weiche, fette Masse, worin Stellen mit einem glätteren und eisenreicheren Ueberzuge vorkommen. — Einige Schritte höher hinauf entspringt endlich noch eine zweite Quelle mit einem ebenso tiefen Kessel, dessen Boden jedoch nur 1½ Fufs hoch mit einem klaren, schwach eisenhaltig schmeckenden Wasser von 26° Wärme bedeckt ist, das sich ganz, wie das Wasser des unteren Quellenarms verhält. — In der Nähe der in Rede stehenden Localität gibt es endlich noch einige laue Quellen von 24°,5 C. Temperatur und dicht dabei Stellen mit reichlichem gelben Eisensulfat. Viele hundert Schritte weit von der Seite und gegen die Höhe des vorhin erwähnten Hügels wird der Boden gleichfalls durch Eisenoxydhydrat gebildet, dessen Vorkommen oberhalb der jetzigen Quellenmündungen auf ein dem Caledoner entsprechendes einstiges Vorhandensein einer viel gröfseren Zahl von Ther-

---

[1]) Kraufs 163. Mairs Aufsatz befindet sich in dem mir nicht zugänglichen South African Quaterly Journal October 1831.

men und in noch höheren Lagen, als dieselben jetzt bekannt sind, hinweist. Der Hügel selbst, woraus die Thermen zu Tage treten, besteht aus einem durch Quarz- und rothe Sandsteinbruchstücke gebildeten sehr jugendlichen Conglomerate, worin eine sehr eisenreiche Masse als Bindemittel auftritt. Dasselbe stimmt ganz mit der Masse der bis in weite Entfernungen auf den Abhängen der sanften Hügelreihen im benachbarten District Albany verbreiteten Blöcke, so wie es auch mit der Masse in der Decke einer Höhle an dem Bosjesmansflusse, dem westlichen Gränzflusse des Albany-Districts, identisch scheint. In Bezug auf eine sofort zu erwähnende Mangantherme ist es von Interesse noch zu erwähnen, dafs das eisenschüssige Conglomerat selbst Manganbruchstücke enthält.

Vor wenigen Jahren erst lernte man nämlich durch einen gewissen Townsend eine angeblich in der Nähe der Capstadt vorkommende Therme kennen [1]), die nicht ohne Grund als Mangantherme angekündigt wurde, da sie während ihres kurzen Laufs sehr dicke Manganincrustationen an ihren Rändern absetzt. Leider besitzen wir von derselben nur eine so kurze und unvollständige Nachricht, dafs sich nicht einmal mit Bestimmtheit angeben läfst, ob sie eine völlig neu entdeckte Mineralquelle ist oder sich bereits unter der Zahl der früher bekannten befindet. Für letztes spricht allerdings Townsends Angabe ihrer Localität und ihrer Temperatur (43°,5 C.), da beides so ziemlich auf die Kockmansklooftherme pafst, die wirklich eine der der Capstadt am nächsten belegenen Thermen des Caplandes ist. Die mineralischen Eigenschaften der Kockmanskloોftherme scheinen dagegen gänzlich von denen der Townsendschen Therme verschieden zu sein, da bei dem gewöhnlichen Zusammensein von Mangan- und Eisenverbin-

[1]) Report of the British Association for the advancement of science. London 1843. XII. Not. 38.

dungen, die sicherlich selbst im Caplande nicht fehlen wird, indem nächst unermefslichen Anhäufungen von Eisenerzen in fast allen Gesteinen Süd Africas in neuerer Zeit gleichfalls viele Manganvorkommnisse bekannt worden sind, mit Grund anzunehmen ist, dafs, wäre die in Rede stehende Therme die von Townsend erwähnte, sich auch Eisenniederschläge bei derselben finden würden. Ganz entgegengesetzt dieser Vermuthung berichtete jedoch Kraufs, dafs er bei der Kockmannstherme alle Spuren von Eisenabsätzen vermifst habe. Schwerlich ist übrigens Townsends Quelle die einzige ihrer Art in diesen Gegenden. Erinnert man sich nämlich wiederum Aragos und Freycinets Untersuchungen über den Ursprung der Aixer Therme und 'verbindet damit die mannigfachen anderen jugendlichen und sicherlich secundairen Vorkommnisse des Mangans im Caplande als Manganalaun, und in Conglomeraten als Manganerz, ferner das primitive dortige Vorkommen desselben Körpers in tertiären Kalksteinen, wie wir es durch Stromeyers Untersuchungen kennen gelernt haben [1], so ist kaum zu zweifeln, dafs auch die mannigfachen kalten und warmen Eisenquellen gleichzeitig Mangansalze in ihrer Auflösung enthalten, und es ist zugleich mit Grund anzunehmen, dafs namentlich zu den kohlenartigen pulverförmigen Niederschlägen aus den Stahlthermen von Caledon und des östlichen Elephantenflusses wesentlich namhafte Mangangehalte beitragen. Dafs die in Süd Africa so aufserordentlich weit verbreiteten eisenreichen rothen Sandsteine wirklich nicht ohne Manganbeimengung sind, scheint namentlich die leider ebenfalls nie untersuchte dicke, schwarze Kruste der Oberfläche der im Inneren rothen Sandsteinfelsen zu ergeben, welche Lichtenstein in den das Roggeveld genannten Theilen des Caplands be-

---

[1]) Göttingsche Gelehrte Anzeigen 1833. III, 2052.

reits im Beginne dieses Jahrhunderts wahrgenommen hatte [1]) und deren Vorkommen selbst in anderen Theilen des Continents für die Sandsteingebiete höchst caracteristisch ist, da z. B. Russegger häufige schwarze Sandsteine bekanntlich im mittleren Nubien, Denham und Oudney in der Tuarikwüste zwischen Murzuk und Fezzan, Renou in Algerien [2]), endlich der englische Arzt Oldfield bei Gelegenheit einer Nigerexpedition zu Kirri am unteren Niger angetroffen hatten [3]).

In die Grooten Zwarteberge selbst versetzt endlich noch v. Meyer [4]) zwei Salze, Schwefel und Eisen führende Quellen, von denen aber, da er ihre Localitäten nicht weiter bestimmt, und er eben so wenig Etwas von ihrer Temperatur und ihrem sonstigen Wesen berichtet, abermals unmöglich zu bestimmen ist, ob sie eigenthümliche Thermen oder nur die der Kockmanskloof und des östlichen Elephantenflusses sind. Eine Schwefeltherme hat man freilich bisher in den Zwartebergen nicht gekannt. Endlich erwähnen Itier und Montgomery Martin [5]) noch eine warme Quelle am Roodeberge im District Caledon, deren Lage gleichfalls nicht zu ermitteln ist, da der Name Roodeberg (rothe Berg) in diesen Gegenden sehr häufig vorkommt und überhaupt wegen der Farbe des Gesteins vielen Bergen des Caplandes gegeben wurde. Doch ist nicht unwahrscheinlich, dafs diese Itiersche Therme mit der Menzelschen nördlich von Zwellendam identisch ist; sie soll 34° Wärme haben und Chlorcalcium enthalten.

Nächst den bisher erwähnten, dem Südrande des Con-

---

[1]) A. a. O. II, 299.

[2]) Gumprecht die vulcanische Thätigkeit 175, 208.

[3]) Narrative of an expedition into the interior of Africa by the River Niger by Mac Gregor Laird and Oldfield. London 1837. 2 Vol. I, 394.

[4]) A. a. O. 219.

[5]) Comptes rendus XIX, 969; History IV, 49.

tinents benachbarten Thermen gibt es eine Reihe anderer in und selbst aufserhalb des Caplandes, welche theils an den Fufs des jähen westlichen Abfalls des Binnenplateaus gegen den Küstenstrich gebunden erscheinen oder in der Sohle des tiefen Längenthals auftreten, welche den Saum des Plateaus begleiten. Erstes findet z. B. mit einer Therme statt, die unfern des Districtshauptorts Clanwilliam in mehreren, besonders aber 3—4 stärkeren Armen innerhalb einer Querkluft des tiefen Longitudinalthals, worin der westliche Elephantenflufs seinen Lauf nimmt, zu Lage kommt. Sie führte in früherer Zeit den Namen des Leuwen Engelenbads nach einem Fiscal Engelmann [1]) und wurde zuerst meines Wissens durch Masson in Europa bekannt [2]). Nach Barrow [3]) hat dieselbe eine Temperatur von 42°,2, nach v. Meyer [4]) und dem Wesleyaner Missionar Shaw [5]) eine von 43°,3 C. Im Wasserreichthum steht sie der Brandvalleytherme fast gleich, indem sie gleich von ihrer Mündung an einen starken Strom bildet. Auch wegen ihrer geographischen Lage ist diese Therme bemerkenswerth, indem sie sich in der Nähe und zwar auf der Nordseite des Winterhoek, gleichzeitig aber wiederum in der Nachbarschaft zweier tiefen spaltenartigen Thäler findet, von denen das eine, das sogenannte Pikenierskloof, das vom Wintershoek nach Norden zu laufende Cardouwergebirge im Westen des Elephantenflusses durchbricht und eine Verbindung Clanwilliams mit dem Küstenstriche herstellt, der andere, die Elandskloof [6]), im Osten

---

1) de Jong II, 119; Thunberg II, 20.

2) Philosophical Transactions von 1776, 280.

3) II, 406; II, 356.

4) S. 214.

5) Memorial of South Africa. New York 1841, 104.

6) Elandskloof (is) a narrow passage through a high chain of mountain, which lies to the NO. of Olyfants Rivier. The road is rugged beyond description, consisting of broken and shatte-

die Passage mit der Binnenhochebene vermittelt. Nach ihren mineralischen Eigenschaften ist diese Therme nicht genau bekannt, obgleich sie von den Bewohnern des höheren Binnenlandes namentlich bei Rheumatismen, Hautkrankheiten und Gicht mit gutem Erfolge gebraucht wird [1]), indem besonders Rheumatismen eine gewöhnliche Folge der durch die auf dem Plateau herrschenden kalten und heftigen Winde ungemein häufig hervorgerufenen Erkältungen sind. Eine Stahlquelle scheint namentlich die Therme nicht zu sein, da wenigstens kein Reisender Eisenocker in den Abzugscanälen und noch weniger gröfsere Eisenerzmassen in ihrer unmittelbaren Nähe bemerkt hat [2]), obgleich auch sie mitten im Gebiete eisenschüssiger Sandsteine zu Tage kommt [3]). Schon de Jong bemerkte, dafs die Therme wenig oder gar keine mineralische Theile zu besitzen scheine und noch früher Thunberg, dafs sie mit der im Brandvalley dieselbe Beschaffenheit habe, indem sie zum Kochen und Waschen von Leinen diene, Speisen nicht verderbe und die Wäsche nicht fleckig mache, endlich selbst keinen eigenthümlichen Geschmack besitze. Blaues Zuckerpapier wurde nach desselben Beobachters Erfahrung dadurch nicht verändert.

Weiter im Norden kennt man in dem ganzen Striche des westlichen Süd Africa bis zum unteren Laufe des grofsen Garip (dem Oranje Rivier der Colonisten) keine Therme mehr mit Ausnahme einer einzigen und, wie es scheint, noch dazu unbedeutenden, in der Nähe von Pella,

---

red rocks and rugged precipices, encompassed on each side with horrid impassable mountains. Masson a. a. O. 281.

[1]) de Jong II, 119; Lichtenstein I, 102; v. Meyer 214. In neuerer Zeit hatte auch Shaw Gelegenheit sich von der Heilkraft der Therme zu überzeugen.

[2]) Thunberg läugnet sogar die Existenz solcher Absätze mit sehr bestimmten Worten.

[3]) v. Meyer 214.

einem ehemaligen Missionsplatze hart am Südrande des Garip im kleinen Namalande, die jedoch weder ihrer Temperatur, noch ihrer mineralischen Beschaffenheit nach bekannt ist und auch von Backhouse, dem einzigen Reisenden, der sie nennt, nur nach Hörensagen angeführt wird [1]), da er sie nicht selbst besucht hat. — Irrthümlich würde man aber zu den Thermen eine tiefer im Süden, noch im kleinen Namalande entspringende starke krystallbare Schwefelquelle rechnen, wenn man sich durch deren Namen die Kochquelle (Kokfontein) dazu verleiten liefse, wie es wirklich geschehen ist [2]), da die Benennung derselben nur von der heftigen sprudelnden Bewegung, womit sie zu Tage kommt, entlehnt ist [3]) und weil Backhouse, der sie persönlich kennen lernte, sie bestimmt eine kalte nennt [4]).

Auffallend bedeutender ist dagegen die Zahl der Thermen jenseits des Garip im Grofs Nama und Ovahererolande [5]), von denen die meisten erst in den letzten Jahren

---

[1]) S. 569. Die rheinischen Missions-Jahresberichte (XIII. Beil. 21.) sprechen zwar von Quellen zu Pella, erwähnen aber keine warme, was allerdings auffallend ist.

[2]) Monatsberichte der rheinischen Missionsgesellschaft 1845, 80.

[3]) Rheinische Missions-Jahresberichte Beil. 1841. XIII, 12. 1842. XIV, Beilagen 10 und 12; Monatsb. 1845, 78 und 80.

[4]) S. 543.

[5]) Die bisher nach ihrem eigentlichen Namen Ovaherero (wovon der Singular Umuherero oder Omoherero ist; rheinische Missions-Monatsb. 1846, 43) in geographischen Werken und Reiseberichten nie aufgeführten Volksstämme beginnen vom südlichen Wendekreise und setzen im Norden bis in noch unbekannte Entfernungen fort. Sie führten bei älteren Reisenden z. B. bei Barrow, Lichtenstein und Campbell den ihnen selbst völlig unbekannten und nur bei den Namahottentotten üblichen Namen der Damras oder Damaras (Monatsberichte a. a. O. 43; Capt. Alexander im Journ. VIII, 18). Doch trennte schon Alexander die Völkerschaft in zwei Abtheilungen, von denen die eine nach der ebenen Oberfläche ihres Landes und

durch den preiswürdigen und unerschrockenen Eifer der rheinischen Missionare bekannt worden sind. Die südlichste derselben wurde jedoch bereits im Jahre 1761 bei Gelegenheit einer von der damaligen Capregierung veranstalteten Untersuchungsexpedition in das nördlich vom Garip gelegene Grofs Namaland entdeckt und bald darauf, theils durch den im Jahre 1778 publicirten Bericht des Führers der Expedition Hop [1]), theils durch die dem Sparrmanschen Reisewerke angefügte Charte auch in Europa bekannt. Bald nach Hop erfuhr Patterson [2]) durch seine bis zum Garip ausgedehnte Reise von der Existenz der Therme, ohne aber Genaueres über sie melden zu können. Erst durch die im Beginn dieses Jahrhunderts (1806) stattgefundenen Wahl der Localität der Therme zu einer zuvörderst nur kurze Zeit bestandenen Station der Londoner Missionsgesellschaft wurde sie bekannter, was noch mehr dann geschah, als sich zum zweiten Male um das Jahr 1828 Missionare (diesmal Methodisten) an ihr bleibend niederliefsen [3]). Früher gleich anderen Thermen des Caplandes mit dem allgemeinen Namen Warmbad belegt, der jetzt noch zuweilen bei den Missionaren [4]) und den

---

wegen ihres Viehreichthums (an exp. II, 164; Journal VIII, 18) von den Nama die Ebenen oder Vieh Damras genannt wird, die sich aber selbst die Om - oto - ronto - rondu oder Oketenba Kacheheque nennen. Es sind dies vorzugsweise die Ovaherero der Rheinischen Missionare (Jahresbericht 1847. XVIII, 34 und Monatsberichte 1846, 10).

[1]) Nouvelle description du Cap de bonne espérance avec un journal historique d'un voyage a terre sous le commandement du Capt. Hop. Amsterdam 1778, 24.

[2]) A. a. O. 128.

[3]) Missionary notices. London 1835, 58.

[4]) Der Name Warmbad erscheint zuerst bei Hop 67; dann in den Berichten der von 1806—1812 hier stationirten Glieder der Londoner Missionsgesellschaft und selbst noch in neueren Mit-

Colonisten Holländischer Abkunft gebräuchlich ist, erhielt die Therme erst in neuerer Zeit nach dem eifrigen Gönner missionarischer Bestrebungen, dem Engländer Nisbett den Namen Nisbettbath [1]), indem derselbe eine ansehnliche Summe zur Gründung der dortigen Mission legirt hatte. Nach Capt. Alexander [2]) und Backhouse [3]), welche den Platz resp. in den Jahren 1836 und 1840 besucht hatten, entspringt dessen Therme im Lande der Grofs Nama 30—40 Englische Meilen vom Garip, d. h. etwa unter dem 28° 26—27′ S.B. und dem 18° 32′ O.L. von Gr. mit der, wie Hop und Alexander versichern, zum Baden sehr geeigneten Temperatur [4]) von 39°,4 C. [5]) und mit von bedeutenden Gasentwickelungen herrührenden Bewegungen zunächst aus Granit [6]), der südlich von hier gegen den Garip zu sogar mit dem Gneifs Piks bildet [7]). Aufserdem treten nordwestlich von Nisbettbath andere Ge-

theilungen z. B. bei Capt. Alexander (an exped. I, 185; Journ. of the Geogr. Soc. VIII, 8 und Rheinische Missionsberichte XIII, Beil. 26), und in denen der Rheinischen Missionare (Missionsberichte XIV, Beil. 311 und Monatsberichte 1844, 29) fehlt er nicht.

[1]) Alexander an exped. I, 159; Shaw 173 und 175; Backhouse 551.

[2]) An exped. I, 159.

[3]) S. 552.

[4]) Der deutsche Missionar Ebner sagt in dieser Hinsicht von der jetzigen Nisbettherme (Reise nach Süd Africa. Berlin 1829, 316—317): Wäre das Wasser noch etwas wärmer, so könnte man die Hitze nicht aushalten. So aber liegen fast beständig Leute aus dem Volke darin.

[5]) Alexander an exped. I, 159. Shaw (175) setzt die Temperatur zu 38°,3 C. Auch die in den Missionary Notices 1835, 58 und von Backhouse (569) mitgetheilten Temperaturbestimmungen von resp. 101, 102—105° F. stimmen damit gut überein.

[6]) Backhouse 551.

[7]) Backhouse 547, 548, 567.

steinmassen in hohen, schwarzen, conischen und isolirten, 2—300 Fufs hohen Felsen auf, die von Alexander Klingstein genannt werden [1]), muthmafslich aber Basalte sind, da basaltische Felsmassen sowohl in der nächsten Nähe [2]), als auch weiter im Norden, wie das Folgende lehren wird, nicht fehlen. — Die mineralische Beschaffenheit der Therme selbst ist jedoch trotz des nun mehr als 30jährigen Aufenthalts der Europäer in diesen Gegenden und ungeachtet Alexanders und Backhouses Berichten völlig unbekannt, wenn sich auch schon aus Hops Mittheilungen mit Bestimmtheit ergibt, dafs dieselbe Salze aufgelöst enthält, weil Hop den Rand der 2—3 Quellenmündungen einen Finger hoch mit einer Salzkruste bedeckt und den Geschmack der Quelle etwas salzig fand [3]). Da ferner kein Geruch nach Schwefelwasserstoffgas bemerkbar ist, so mag die kochende Bewegung der Therme einzig von starken Kohlensäureentbindungen herrühren. Trotz ihrer steten Bewegung ist aber die Quelle selbst gar nicht stark, da sie nur einen 6 Zoll breiten und 1½ Zoll tiefen Bach bildet; dennoch ist sie für das äufserst wasserlose, und dürre Grofse Namaland von aufserordentlicher Wichtigkeit, indem sie wenigstens einer beschränkten Zahl von Namas die sefshafte Lebensweise möglich macht [4]), was im Continent überhaupt nur an solchen Stellen möglich ist, wo Quellen zu Tage kommen, da nur diese eine dauernde Cultur möglich machen, und weil im gröfsten Theile Africas die Eingeborenen keine Brunnen zu graben verstehen. Ganz in der Nähe der Hauptquelle gibt es zu Nisbettbath nächst mehreren kalten, salzigen Quellen [5]), von denen

---

[1]) Journal of the Geogr. Soc. VIII, 8; an exped. I, 163, 177.

[2]) Backhouse 552, 560, 567 und 568.

[3]) A. a. O. 24. Die Therme ist also nicht süfs (fresh), wie Backhouse sagt (552).

[4]) An exped. I, 159; Backhouse 552.

[5]) Backhouse 552. Schon im Beginne des laufenden Jahrhun-

eine sogar sehr salzig sein soll, noch zwei andere warme Quellen von resp. 33,3 und 21°,1 C. Temperatur, und zuletzt sogar noch 60—80 engl. Meilen östlich davon eine laue Quelle auf der neuen Missionsstation Jerusalem (sonst Africaners Kraal genannt), über deren mineralischen Character bei Backhouse [1]) dem einzigen Reisenden, der sie erwähnt und nur ihre Temperatur zu 26,6 C. schätzte, weiter nichts Näheres bemerkt wird.

---

derts erwähnte ein hier stationirter deutscher Missionar Albrecht (Missionary Transactions. London 1812. IV, 47) die Existenz ganz kalter Quellen in der Nähe der warmen. Sehr auffallend ist übrigens bei der oft und lange Zeit durch Hop, Patterson, Sparrman, Ebner, Alexander und die Missionary Transactions wiederholten Erwähnung der hiesigen Therme die geringe Aufmerksamkeit, welche geographische Werke und neuere Reisende dieser bisher geschenkt haben. So sagt z. B. Kraufs (Leonhard 1843, 156) kurz und theilweise selbst unrichtig in Bezug auf sie, es fände sich nach einigen Angaben eine heifse Quelle am Giep (wohl ein Druckfehler für Garip), indem die Nisbettquelle gar nicht unmittelbar zunächst dem Garip, sondern wenigstens 30—40 Englische Meilen, nach Hops Reiseroute sogar 4 — 5 Tagereisen davon entfernt ist (Hop 21—22 und 67). — Nach letzterem Berichterstatter findet endlich sich die hiesige Therme noch etwa 200 Schritte östlich vom Löwenflufs, einem nur in der Regenzeit Wasser führenden Flüfschen.

[1]) S. 569. Capt. Alexander gelangte zwar auf seiner Reise im Binnenlande bis zu dem Africaner Kraal (An exped. I, 181; Journal of the Geogr. Soc. of London VIII, 9), doch scheint ihm keine der dort auch von ihm gefundenen und sogar reichlich genannten Quellen als thermal erschienen sein, da er eine höhere Temperatur derselben nicht erwähnt. Freilich mag es einem Reisenden in einem Lande, wo die atmosphärische Wärme auf 110° F. (Alexander an exped. I, 186) und mehr steigt, und der Reisende sich nicht dauernd aufhält, also nicht die Temperatur der Quelle im Winter zu bestimmen vermag, schwierig werden, mit Bestimmtheit eine Quelle thermal zu nennen.

Viel zahlreicher sind dagegen die Thermen, welche erst seit einigen Jahren noch höher im Norden, etwa vom südlichen Wendekreise an, durch Capt. Alexander und die rheinschen Missionare entdeckt wurden und nach den neuesten Nachrichten sogar noch mitten im Lande der Ovaherero 100 Stunden über den Wendekreis hinaus vorkommen, aber noch nie wissenschaftlich untersucht wurden. Muthmafslich stehen dieselben in naher Beziehung mit den basaltischen Massen, welche ganze Bergketten nördlich der Mündung des Kuisipflusses in die Wallfischbay (52°55′S.B.) bilden [1]) und, wie es scheint, selbst weiterhin in den für

[1]) Unmittelbar an der Mündung des Tschwachoupflusses nimmt die Küste ein ganz abweichendes Ansehen von dem in ihrer weiteren südlichen Erstreckung an, da sich dort 2500 bis 3000 F. über dem Meeresspiegel hohe Berge finden, welche bei den Bewohnern die Qua'nuasberge, bei den Seefahrern die blauen Berge genannt werden, und, so weit das Auge reicht, sich erstrecken. Südlich vom Kuisip ist nämlich die Küste flach und sandig (Journal of the Geogr. Soc. of London. VIII, 15; Alexander an exped. II, 104). Muthmafslich sind jene Küstenberge basaltische, da Alexander auch tiefer im Innern wiederholt schwarze, vom Kuisip stellenweise in einer 600 Fufs tiefen, Grausen erregenden Schlucht durchschnittene Felsmassen erwähnt (Journal VIII, 13 und an exp. II, 45), die sich dann unmittelbar am Südrande des Kuisip zu hohen, oben tafelförnigen Bergen erheben (Journal VIII, 13 und an exped. II, 34, 36, 45, 46). Zu letzteren gehört namentlich Alexanders Kette der schwarzen Tansberge, von denen einer, der von diesem Reisenden gezeichnet wurde, angeblich bis 4000 Fufs ansteigt und einen ansehnlichen Umfang hat. Ist der Zeichnung Vertrauen zu schenken, so bildet den flachen obersten Theil des Berges eine Basaltdecke, ganz wie es im östlichen Caplande so häufig der Fall ist, wo ebenfalls Basaltkuppen auf den oben abgeplatteten Sandsteinfelsen auftreten (Bain in den Transactions of the Geol. Soc. of London. New Ser. VII, 57). Zu Irrthümern dürfte übrigens das Qua'nuasgebirge Veranlassung geben, wenn man aus dem englischen Namen

Seefahrer so gefährlichen und schroffen Felsklippen längs der Küste bis zu dem seinem Namen nach wahrscheinlich auch basaltischen Cap Negro (15°,08 S. B.) [1]) fortsetzen. Der erste Europäer, der (mit Ausnahme vielleicht des verstorbenen Missionar Schmelen) von Süden her den südlichen Wendekreis und das Ovahereroland erreichte, Capt. Alexander, lernte von vielen warmen und heifsen Quellen, die sich in diesen noch so unbekannten Gegenden befinden, nur eine und zwar die südlichste kennen, welche südwestlich des von den Eingeborenen Niais [2]) genannten Orts, an der Gränze der Berg-Damras und Namas, aber noch im Lande der letzten entspringt. Er traf dieselbe unter etwa 23° 10′ S. B. und 17° 48′ O. L. von Gr. im Centrum eines schönen und fruchtbaren Thals mit einer von Granitfelsen umgebenen Mündung an. Ihre Temperatur bestimmte er zu 52,2° C., und er benannte sie nach dem damaligen Briti-

---

Claytrap Mountains bei Alexander (Journal of the Geogr. Soc. VIII, 187) auf eine ganz basaltische oder Trappnatur des Gesteins schliefsen wollte, da nach Alexanders eigener zufälliger Angabe in seinem gröfseren Reisewerke das Wort Trapp in dem Englischen Namen nur aus Gründen gewählt wurde, die nichts mit der geognostischen Beschaffenheit der Berge gemein haben (an exped. II, 104).

[1]) Schon der Name des Caps scheint dafür zu sprechen, dafs es, gleich den Bergen am Kuisip, theilweise aus schwarzen, basaltischen Gesteinmassen besteht. Specielle Untersuchungen dieser Gegend besitzen wir noch nicht, doch ist es bekannt, dafs es selbst nördlich vom Cap Negro, und besonders an der Küste hohe, felsige Berge gibt (Bowdich an account of the discoveries of the Portuguese in the Interior of Angola and Mozambique. London 1824, 35, 36, 39, 40), was namentlich in neuerer Zeit durch den Americanischen Capt. Morrel (voyage to the South and West Coast of Africa. London 1840, 102 und 107) bestätigt wurde, der die Küste zwischen Cap Salinas (Point Salinas 15° 23′ S. B.) und Cap Francisco aus eigener Anschauung gleichfalls hoch und felsig nannte.

[2]) Journal VIII, 20; An exped. II, 161, 187.

schen Colonial Minister[1]) die Glenelgtherme. Diese warme Quelle, deren Localität bei den Eingeborenen speciell unter dem Namen Aris bekannt und SSW. von der Station Elberfeld gelegen war, wählten nun die rheinischen Missionare später zur Basis einer neuen Station Rehoboth[2]). Dieselbe liegt am südlichen Abhange eines von Westen nach Osten gestreckten grofsen, von den Eingeborenen Awaz oder Auas d. h. die Bohnenberge[3]) genannten Gebirgszuges, welcher selbst von den dort angesiedelten Missionaren unnützer Weise

---

[1]) Journal VIII, 21; An exped. II, 261.

[2]) Rheinische Missionsjahresberichte XVIII, 35; Monatsberichte 1844, 29 und 1846. 41, 46. Die Thermen von Aris, Arris oder Rehoboth sind nämlich unzweifelhaft dieselben, von denen eben nach Alexander berichtet wurde, da sowohl die rheinischen Missionare, als auch ein neuerer englischer Berichterstatter Ridge (Monatsber. 1849, 312) die Lage Rehoboths ganz mit der der Glenelgthermen nach Alexanders Darstellung übereinstimmend fand. Die geognostische Beschaffenheit der Umgebung Rehoboths nennt übrigens der deutsche Missionar Rath vulcanisch; löcherige, wie schwarz gebrannt erscheinende Gesteine soll es hier in Menge geben; dennoch meint der Berichterstatter nach seinen mir von der rheinischen Missionsdirection gefälligst mitgetheilten Notizen (siehe a. Monatsb. 1849, 2), dafs Lava darin schwerlich zu sehen sein dürfte.

[3]) Alexander Exped. II, 160 und rheinische Missionsmonatsberichte 1846, 4, welche letztere Auas schreiben. In Bezug auf die geographische Lage aller dieser Thermen am Awaz ist noch zu bemerken, dafs zwar Arrowsmiths Charte zu Alexanders Reisewerk dieselben in den 22° S. B. und 18° 30 — 40′ O. L. von Gr. versetzt, dafs aber diese Position höchst unsicher ist, da weder von dem Reisenden selbst, noch irgend einem anderen Forscher je astronomische Beobachtungen jenseits des südlichen Wendekreises im Binnenlande angestellt wurden. Sicherlich wird aber diesem Mangel bald abgeholfen werden, da englische Astronomen (wohl Generalstabsofficiere) im Jahre 1843 schon seit einiger Zeit im Inneren des Binnenlandes mit Arbeiten der Art beschäftigt waren (Monatsberichte 1844, 35).

einen neuen Namen, den des Siebelgebirges [1]) erhielt. Diese warmen und zum Theil sogar heifsen Quellen Rehoboths sollen nach der Schilderung des Miss. Rath am Rande einer Felsenbank hervorquillen, schwefelhaltig und zugleich etwas brakisch sein und gut zum Waschen dienen. Auch Rath rühmt in Uebereinstimmung mit Alexander die Schönheit der Lage der Thermen, neben denen er noch eine kalte fand. Die zwei kleinen, aus den warmen Quellen gebildeten Bäche verschwinden bald darauf in der östlich davon gelegenen Ebene im Sande [2]).

Von einem zweiten interessanten Complex von Thermen, der aber an der Nordseite des Awaz sich findet, erhielten wir ebenfalls erst durch Alexander Nachricht [3]). Ihm zufolge, der jedoch nicht selbst bis zum Awaz gelangte, sondern nur nach seinen bei den Landesbewohnern eingezogenen Erkundigungen berichtet, fliefsen heifse zugleich mit kalten Bächen auf der Nord- und Südseite eines langen Berges herab. Die auf der Südseite verlieren sich in einer Ebene des schönsten Grüns, während die der Nordseite einen mehrere engl. M. langen See bilden, an dessen westlicher Seite es abermals eine warme Quelle angeblich gibt, und woraus sich noch ein Quellstrom des Tschwachoupflusses (Sommerset auf Arrowsmiths Charte von Africa), eines Stroms ergiefst, der etwa 1½ Tagereisen nördlich von der grofsen Wallfischbay in das Meer mündet [4]) und aus verschiedenen Armen [5]) im Binnenlande gebildet

[1]) Rheinische Missionsmonatsberichte 1844, 27 und 1846, 43.

[2]) Selbst die von dem Missionar Hugo Hahn (Monatsberichte 1844, 29) erwähnte warme, 1½—2 Tagereisen zu Pferde oder 70 engl. Meilen von Elberfeld entfernte warme Quelle Anuis ist, wie sich aus den handschriftlichen Berichten Raths ergibt, identisch mit der von Rehoboth.

[3]) An exped. II, 161.

[4]) Rheinische Missionsmonatsberichte 1844, 18, 20, wo der Flufs Zwachaup geschrieben wird.

[5]) Rheinische Missionsjahresberichte XIV. Beil. 46, 86.

wird. Am Nordrande des Gebirgszugs, der hier eine Wasserscheide bildet, fanden die rheinischen Missionare neuerlichst besonders zwei Localitäten thermenreich, von denen sie die eine zu ihrer ersten Station in dieser Gegend wählten und wegen der Aehnlichkeit ihrer Lage mit der Heimath Elberfeld, die andere eine halbe Stunde westlicher gelegene Barmen nannten [1]. Schon Alexander hatte aus den Berichten der Eingeborenen von dem Awaz eine sehr vortheilhafte Schilderung entworfen und ihn den südafricanischen Missionaren ausdrücklich zu einer Ansiedelung empfohlen [2]. Hierdurch und durch ihre eigne bereits im Jahre 1838 erlangte Kenntnifs der Existenz von Thermen im Ovahererolande [3] bewogen, wandten sich die rheinischen Missionare schon im Jahre 1842 nach dem Awaz und fanden Alexanders Lobpreisungen so gegründet, dafs sie gleichfalls die ganze Gegend für sehr schön und für die schönste sogar ihnen überhaupt in Africa vorgekommene erklärten [4]. An der von grauen Sandsteinfelsen umgebenen Localität Elberfelds trafen sie zuvörderst in einem wohl bewässerten Bergkessel eine warme und noch eine zweite sogar heifse Quelle [5] in einem angeblich vulcanischen Terrain. Andere, noch stärkere und lauter heifse Quellen, von denen eine so heifs sein soll, dafs sie sogar den Siedepunkt erreicht, weil man in ihr Fleisch gar kochen kann, entspringen zu Barmen [6], in dessen Nähe es, wie

[1]) Rheinische Missionsjahresberichte XIV. Beil. 46, 87, u. Monatsberichte 1844, 18 (wo aber Barmen statt westlich nordwestlich von Elberfeld gesetzt wird).

[2]) Rheinische Missionsjahresberichte XIII. Beil. 26.

[3]) Ebendort X. Beil. 61.

[4]) Ebendort XIV. Beil. 86.

[5]) Ebendort Beil. 86. In den Monatsberichten von 1844, 18 heifst es sogar, es gäbe bei Elberfeld viele warme Quellen.

[6]) Rheinische Jahresberichte XIV, 87. Die Angabe, dafs eine der Thermen Barmens den Kochpunkt erreicht, findet jedoch

bei Elberfeld, nach des Missionar Rath Beobachtungen mehr oder minder leichte ausgebrannte Steinmassen, aber doch keine Laven, wie er ausdrücklich sagt, gibt. Westlich Barmen und zwar 3½ Reitstunden davon trafen endlich dieselben Missionare unweit des Tschwachaoup wiederum eine heifse Quelle und endlich noch eine halbe Tagereise (10 Englische Meilen) weiter 2 Mineralquellen, eine warme und eine kalte [1]. Elberfeld und Barmen verliefsen die Rheinischen Missionare, vertrieben durch politische Intriguen [2] bald wieder, wogegen sie nun an dem Südabfall des Awaz das 1½—2 Tagereisen südwestlich davon gelegene Rehoboth gründeten. Von der mineralischen Natur aller hiesigen Thermen, deren Gesammtheit Alexander [3] die Königin Adelaidebäder (Queen Adelaide baths) genannt hatte, ist nur bekannt, dafs sie nach ihrem, wenn auch nicht starken Geruch Schwefelquellen sind und dafs sie grofse Quantitäten saurer Salze absetzen [4], die nach der Analogie mit den Absätzen anderer Schwefelthermen unzweifelhaft Glaubersalz und ähnliche schwefelsaure Salze

---

in den späteren bestimmten Temperaturbeobachtungen des Missionar Hahn, die ich der gefälligen Mittheilung der rheinischen Missionsdirection verdanke, keine Bestätigung, indem Hahn bei der wärmsten dortigen Quelle nur eine Temperatur von 67,7° C. (156° F.) bei einer zweiten dicht dabei liegenden nur eine von 66,6 (152° F.) bei einer dritten gar nur eine von 63,3°C. (146°F.) fand. Irrig ist es endlich, dafs die hohen Grade der verschiedenen Quellenarme, welche die rheinischen Monatsberichte 1844, 18 ausdrücklich als Reaumursche angeben, in dieser Scale von Hahn bestimmt wurden; es sind nur Fahrenheitsche.

[1]) Nach den mir ebenfalls durch die rheinische Missionsdirection mitgetheilten Auszügen aus des Missionar Rath brieflichen Berichten.

[2]) Rheinische Missionsmonatsberichte 1846, 42 u. s. w.

[3]) An exped. II, 161, womit noch die rheinischen Jahresberichte XIV. Beilage 46. zu vergleichen sind.

[4]) Rheinische Missionsmonatsberichte 1844, 18.

sind [1]). Aufserdem hat aber auch die Therme von Barmen nach Hahns handschriftlichen Berichten einen reichen Eisengehalt [2]), der sich durch einen starken rostgelben Niederschlag kund gibt [3]). Neuere Mittheilungen über diese interessante Localitäten, welche nach den rheinischen Missionaren die Wesleyaner besetzten, bald aber auch wiederum verliefsen, fehlen leider ganz.

---

[1]) Es scheint hiernach die Therme des africanischen Barmen mit der von Nisbetbath sehr übereinzustimmen, indem auch letztere, wie vorhin angegeben, reichlich Salze absetzt. Grade entgegengesetzt jedoch Hahns Angabe in den gedruckten Mittheilungen der rheinischen Missionsgesellschaft (Rh. Missionsberichte 1848, 18), dafs die hiesigen Niederschläge nicht Salpeter seien, finde ich dieselben in den Originalmittheilungen unseres Berichterstatters ausdrücklich Salpeter genannt, was sicherlich ein Irrthum ist. Es bestätigt sich übrigens meine Ansicht, dafs die in Rede stehenden Absätze Glaubersalz und andere Sulfate sein mögen, nicht allein durch die allgemeine Erfahrung, dafs fast alle Schwefelthermen mehr oder weniger schwefelsaure Salze aufgelöst enthalten, sondern auch speciell durch eine Untersuchung Boussingaults (Annales de Chem. et Phys. XLIV, 329—332). Dieser fand nämlich, dafs die von den aufsteigenden Dünsten während des trockenen Jahres in gröfster Menge gebildeten Niederschläge aus den meines Wissens zuerst durch Mollien (Voyage dans la République de Colombie en 1823. 2 Vol. Paris. I, 117) bekannt wordenen Schwefelthermen von Tunja im jetzigen Staat Neu Granada ausschliefslich Glaubersalze seien, nachdem schon Mollien dieselben Sulfate genannt hatte.

[2]) Nachdem S. 76 bereits gedruckt war, habe ich erst durch Lieut. Cruttendens bald weiter zu erwähnende Berichte über das Somâliland, aus Cailleauds Mittheilungen über die Thermen der ägyptischen Oasen, endlich aus den oben erwähnten Angaben Hahns die Ueberzeugung gewonnen, dafs sich Stahlthermen im Continent von Africa auch aufserhalb den Gränzen des Caplandes finden.

[3]) Diese Angaben stimmen recht gut mit unseren anderweitigen Kenntnissen über die chemische Constitution der Mimeralwasser

Aber sogar viel weiter gegen Norden setzen die Thermen fort, indem die rheinischen Missionare durch einen inländischen Häuptling erfuhren, dafs andere dergleichen zwei Tagereisen nördlich Barmen sich finden. Ob diese aber diejenigen sind, welche die Missionare später selbst in etwa 100 Stunden, also ziemlich 3 Breitengrade Entfernung über den südlichen Wendekreis hinaus oder unter dem 20° S. B. im Ovahererolande angetroffen haben [1]) und welche denselben abermals Gelegenheit zur Anlegung einer Missionsstation Neu Barmen [2]) gaben, ist nicht mit Bestimmtheit zu sagen, indem selbst in den neuesten Berichten der Missionare nichts hierüber vorkömmt. So viel wir indessen bis jetzt von Neu Barmens Lage wissen, befindet sich diese Localität NNW. von Elberfeld, nur eine kleine Viertelstunde von dem nördlichsten, von NO. kommenden Zuflusse des Tswachoup in einem von mehreren hundert Fufs hohen, ziemlich schroffen Felsen umgebenen Thale. Mehrere starke heifse Quellen entspringen daselbst mit sichtbarer Gewalt aus einem flachen Felsenbette und bilden sich schon nach der Meinung der Missionare wahrscheinlich nur aus den von dem grofsen unterirdischen kochenden Wasserbassin aufsteigenden Dämpfen. Muthmafslich dient letzteren das Felsenbette als Deckel, und so dürfte das ziemlich starke Erdbeben welches die Missionare am 17. October 1847 hier erlebten [3]), nur durch eine verstärkte unterirdische Dampfentwickelung veranlafst worden sein.

überein, indem, wo irgend durch die Analyse ein Zusammenvorkommen von Schwefel und Eisen in dergleichen Quellen erkannt wurde, man bekanntlich stets das Eisen in grofser Menge, das Schwefelwasserstoffgas dagegen nur in sehr geringen Quantitäten angetroffen hat.

[1]) Nach den handschriftlichen Berichten.

[2]) Rheinische Missionsmonatsberichte 1845, 99, 100 u. 1846, 45.

[3]) Nach handschriftlichen Berichten.

Aus dem Vorkommen aber aller bisher genannten Thermen im Norden des Garip, so wie aus dem Dasein der am Garip und Kuisip aufgefundenen Trapp- und Basaltmassen ist mit hoher Wahrscheinlichkeit zu entnehmen, dafs die Verbreitung der Gesteine feurigen Ursprungs noch viel weiter nach Norden fortsetzt, und dafs es künftigen Forschern wohl gelingen wird [1], im Inneren jener, niemals noch durch wissenschaftliche Europäer betretenen Landstriche mannigfache andere Quellen von höherer Temperatur anzutreffen. Wahrscheinlich existiren dergleichen besonders zwischen dem Coanza und Zaire in Angola, da sich hier und selbst bis zu den hohen nördlich vom Aequator auftretenden Cameronbergen in der That ausgedehnte Spuren einstiger und vielleicht noch fortdauernder vulcanischer Thätigkeit zu finden scheinen [2], und weil bereits im Jahre 1785 eine heifse Schwefelquelle zu Quipapa SO. von Benguela durch eine von letzterer Stadt in südlicher Richtung ausgesandten portugiesischen Entdeckungsexpedition aufgefunden worden ist [3]. Das Auftreten äufserst

---

[1]) Eine solche Erforschung der Binnenländer zwischen dem 23 und 12° S. B. dürfte jedoch bald durch ein sicherlich merkwürdiges Zusammentreffen der Portugisen und deutschen Missionare stattfinden, indem jene bereits im Jahre 1839 eine wohl gedeihende Niederlassung an der Bay Mossamedes (little Fishbay der Engländer) unter 15° 40′ S. B. gegründet und von ihr aus zuerst eine Ueberlandverbindung mit ihrer südöstlichsten Factorie im Binnenlande Caconda eingeleitet haben, während anderseits das Bestreben der Missionare seit einigen Jahren dahin geht, von ihrer äufsersten Niederlassung Neu Barmen sich eine directe Communication mit der Küste und speciell mit der Kleinen Fischbay, wo ihnen die Existenz einer portugisischen Niederlassung noch ganz unbekannt zu sein scheint, zu eröffnen.

[2]) Die vulc. Thät. 25—36.

[3]) Bowdich an account of the discoveries of the Portuguese 26.

reicher Schwefellager bei Benguela und von Erdölquellen an verschiedenen Punkten der Westküste [1]) bestätigt ohne Zweifel diese Ansicht und führt überhaupt zu der Vermuthung, dafs in diesen Theilen des Continents sich ganz dieselben hydro- und geologischen Verhältnisse vorfinden mögen, welche die Untersuchungen in Sicilien, Italien, Süd Spanien und selbst in mehreren anderen Landstrichen Africas auf das Bestimmteste nachgewiesen haben.

Auf der Ostseite Süd Africas hat man bisher in dem südlichsten Theile desselben oder speciell in dem Gebiete der Amakosa und Amatemba Kaffern gar keine Thermen kennen gelernt, doch fehlen dergleichen schwerlich in den engen und tiefen Einschnitten der Ränder des Binnenplateaus, da diese mehrere tausend Fufs mauerförmig jäh aus dem tiefen Küstenstriche aufsteigenden und bei den Colonisten unter dem Namen der Witte- oder Drakenberge, bei den Kaffern unter dem Namen des Quathlamba bekannten Ränder des Plateaus in ihren höchsten Theilen aus verschiedenen plutonischen Gesteinen und namentlich aus Basalt und basaltischem Gestein bestehen. Dafs eine solche Vermuthung gar nicht aller Wahrscheinlichkeit ermangelt, ergibt sich schon daraus, dafs im nördlicheren Theile [2]) des Quathlamba, von welchem einige Hauptquell-

---

[1]) Die vulc. Thät. 29, 47—52.

[2]) Es führt derselbe bei den Eingeborenen dieser Gegenden, die dem grofsen Volke der Beschuanen angehören, den speciellen Namen Malouti nach dem Berichte der gleich zu erwähnenden Missionare Arbousset und Daumas (Relation d'un voyage d'exploration au NO. de la colonie de bonne espérance. Paris 1842. 131). Diesen zufolge hat aber der Name Malouti eine ganz allgemeine Bedeutung, nämlich die von Pik, weil eine solche Bergform im Gegensatz der sonst in Süd Africa herrschenden Tafelform sich hier besonders bemerkbar machen soll. Nach anderen Angaben soll jedoch Malouti in diesen Theilen Süd Africas bei den Eingeborenen, Gliedern des Betschuanenstamms, ganz allgemein jeden Berg bezeichnen. In geographischen Wer-

ströme des Garip herabkommen, durch die um die Kunde des Inneren von Süd Africa so verdienten beiden französischen Missionare Arbousset und Daumas wirklich vor einigen Jahren bereits zwei heifse Schwefelquellen aufgefunden worden sind [1]), und dafs selbst die im Quathlamba weit verbreiteten Mandelsteine mit ihrer Fülle von Kieselmandeln [2]) auf die einstige Existenz sehr zahlreicher und ungemein wasserreicher Thermen hinweisen, die durch ihren reichen Gehalt an aufgelösten Silicaten in der Vorzeit die Bildung der Kieselmandeln veranlafst haben mögen und in Spuren muthmafslich noch jetzt existiren, ähnlich den bekannten, starke Kieselabsätze hervorbringenden Thermen von Island und der Azoren. Selbst noch in dem tiefen Küstenstriche von Natalien mag es an Thermen nicht fehlen, und wirklich wurde in neuerer Zeit wenigstens eine solche am Omtongala oder Fischflusse bekannt, die von so hoher Temperatur war, dafs man darin Eier hatte sieden können [3]).

Ueber die Existenz von Thermen in den noch weiter gegen Norden gelegenen Theilen des Küstenstrichs war uns bis in die neueste Zeit aufser den durch Cap. Owen erkundeten Thermen [4]), welche am Fufse eines zunächst der Mokambabay südlich Mozambique gelegenen und bis etwa 2000 Fufs hohen erloschenen Vulcans auftreten sollen, gar nicht das Mindeste bekannt worden; aber auch Owen gab nichts über deren Temperatur an, da er sie nicht selbst besuchte. Bei den vielfachen Spuren vulcani-

---

ken ist der Name bisher nie vorgekommen, und selbst zwei neuere Reisende, die hier zuerst von Osten her den hohen Rand des Binnenplateaus erstiegen haben, Capt. Gardiner und der französische Reisende Delegorgue erwähnen ihn nicht.

[1]) In deren eben erwähntem Werke 133.

[2]) Die vulc. Thät. 80–82.

[3]) Chase in Steedman Wanderings and adventures II, 208.

[4]) Nautical Magazine. London 1840, 224.

scher Thätigkeit jedoch, die sich in diesen Gegenden, theils auf dem Festlande, noch mehr aber auf den benachbarten Inseln Madagascar [1]), Mayotte, Grofs Comorro [2]) und Bourbon haben ermitteln lassen, war jedoch das Vorhandensein noch anderer Thermen allerdings mit Grund anzunehmen. Die neueste Reise des Dr. Peters nach Mozambique und in das Innere der Zambezeländer hat dies bestätigt, indem derselbe die Existenz von wenigstens drei Thermalquellen mit Bestimmtheit erforschte. Die eine derselben am oberen Zambeze bei dem portugisischen Handelsposten Tete gelegen, fand Peters gegen die gewöhnliche Natur der Thermen, die, wie bereits erwähnt, zu allen Zeiten wegen ihres Emporkommens aus sehr tiefen Reservoirs und wegen ihrer Unabhängigkeit von atmosphärischen Einflüssen mit gleicher Stärke zu fliefsen pflegen, versiegt; eine zweite zu Schitocotte an der schon von Capt. Owen erwähnten Mokambabay hatte eine Temperatur von 45° C. [3]), endlich eine dritte, 5 Meilen von Tete, flofs so stark, dafs

---

[1]) Auch Madagascar hat Thermalquellen, wie seit fast 150 Jahren durch die Angaben von Franz Cauche (Stevens New Collection of voyages and travels through several parts of the north. London 1711; II, 31 des Caucheschen Berichts) bekannt ist.

[2]) Die vulc. Thät. 95. Auffallend ist es, dafs die zahlreichen neueren französischen Berichte über Mayotte (Annales maritimes et coloniales. Partie non officielle. Paris 1844. IV, 125—147; 1845. IV, 188—198; 1847. IV, 200—202 und 344—347) wohl die dortigen vulcanischen Producte (namentlich Laven und Basalte) und selbst einen erloschenen Krater auf der Mayotte ganz nahen kleinen Insel Pamanzi (ebendort 1844. II, 139) erwähnen, nicht das Mindeste aber von dem durch Capt. Lileur, Leguevel de Lacombe und D. Cooley erkundeten noch thätigen Vulcan von Grofs Comorro, der zu derselben Inselgruppe gehört, melden.

[3]) Monatsberichte der Berliner Academie der Wissenschaften 1848, 225—226.

sie sofort den 3—5 Fufs tiefen und 10 Fufs breiten Bach Taenta (den Rio Taenta) bildet, welcher sich nach einem eine halbe Meile etwa langen Lauf in den Zambeze ergiefst. Das Wasser des eben genannten Bachs hat nach Peters Bestimmung eine Temperatur von etwa 31,2° C., die jedoch am Ursprunge des Quells noch 60,8° C. betrug. Nach der hohen Temperatur empfing auch der Bach von den Eingeborenen seinen Namen, indem taenta bei denselben heifs bedeuten soll. Diese dritte Therme liegt übrigens im Granit, 125 deutsche Meilen von der Mündung des Zambese und 7—900 Fufs über dem Meeresspiegel. Ihr Geschmack war angenehm schwach säuerlich. Auf den Steinen am Ufer ihres Laufs erscheinen salzige Absätze, nach Dr. Peters von Kochsalz, das man auch aus den lockeren Massen, welche hier den Granit bedecken, häufiger gewinnen soll. Aufserdem sammelte der Reisende eigenthümliche, von Ehrenberg untersuchte Niederschläge, des Rio Taenta, die zum Theil aus Infusorien bestehen. Bemerkenswerth ist es endlich, dafs selbst diese letzte Therme in der trockenen Jahreszeit, wo sie der Reisende besuchte, schwächer, als in der Regenzeit fliefst [1]).

Im Binnenlande Süd Africas hat man bisher sehr wenig Mineralquellen von höherer Temperatur kennen lernen, indem unzweifelhaft die bedeutende Erhebung desselben und die verhältnifsmäfsig wenig tiefen Einschnitte der Oberfläche das Zutagetreten der Thermen verhindern. Doch kannte man bereits seit längerer Zeit durch Barrow die Existenz zweier lauwarmen Schwefelquellen im östlichen Theile des Caplandes und in nur zwei englische Meilen Entfernung von Cradock, dem Hauptorte des Districts Sommerset, hart am grofsen Fischflusse [2]). Sie treten hier

---

[1]) Ebendort und nach den gefälligen mündlichen Mittheilungen des Reisenden selbst.

[2]) Barrow (I, 309 und II, 373) und der Missionar van der

mit einer resp. Temperatur von 20 und 19,4° C. aus blauem Thonschiefer [1]) hervor und sind unzweifelhaft Schwefelquellen, da sie einen starken, dem Schiefspulver ähnlichen Geruch verbreiten. Steedman versichert in dieser Hinsicht sogar bestimmt, sie wären stark mit Schwefelwasserstoffgas imprägnirt und enthielten aufserdem noch Kalk [2]). Die wärmere derselben bricht nach Barrow stofsweise aus einem conglomeratartigen Gestein und zunächst aus einem 6 Fufs tiefen trichterförmigen Loche hervor, während die andere fortwährend gleichmäfsig fliefst. Beide sind nur wenige Schritte von einander entfernt und gelten bei Quetschungen und Verstauchungen, namentlich aber bei den hier so häufigen und lästigen rheumatischen Beschwerden als sehr wirksam, indessen waren auch sie trotz ihres Rufs, wie alle capischen Thermen, stets in sehr vernachlässigtem Zustande. In ihrer unmittelbaren Nähe entspringen noch andere kalte Quellen, die theilweise mineralisch sein sollen, weshalb es nicht unwahrscheinlich ist, dafs selbst die in der hiesigen Gegend nach dem Zeugnifs eines wohl unterrichteten, im Caplande lange einheimischen Schriftstellers Chase [3]) vorhandenen Schwefelvorkommnisse

---

Kemp (Missionary Transactions. London 1802. I, 382) gaben zuerst von diesen lauen Quellen Nachricht. Steedman (I, 182) nannte sie in neuerer Zeit sogar heifs.

[1]) Barrow sagt zwar (I, 309) aus festem blauem Thon, doch ist dies sicherlich unrichtig, da nach Backhouse (335) ein blauer, in dicken Schichten auftretender Thonschiefer das Bett des Grofsen Fischflusses bildet.

[2]) a. a. O. I, 182. Ein anderer Reisender Thompson (Travels and Adventures in South Africa. 2. Vol. London 1827. I, 62) verglich ihren Geschmack ausdrücklich mit dem des bekannten Englischen Schwefelwassers von Harrowgate oder Gilbland Spa, woraus sich also ebenfalls die Natur der Therme ergibt.

[3]) In seinem Werke: The Cape of Good Hope and the Eastern

mit der Bildung der warmen und zugleich der später zu erwähnenden hiesigen kalten Schwefelquellen in genauer Verbindung stehen mögen. — Aufser den beiden Schwefelthermen besitzt endlich noch das Binnenplateau in dem zum nordöstlichen Theile des Caplandes gehörenden Canton Neu Hantam (District Sommerset) einige am nördlichen Fufse des unter dem Namen der Zuureberge (Saure Berge) bekannten Theils des Quathlamba in 4420 Fufs Höhe über dem Meeresspiegel [1]) hart an einem von den Zuurebergen herabkommenden und Brandrivier genannten Flufse emportretende Thermen. Von der Temperatur und der mineralischen Beschaffenheit derselben wissen wir jedoch gar nichts, da Drège, der einzige unterrichtete Reisende, der sie besuchte, nichts darüber publicirte [2]). Doch spricht schon der Name des Flusses für eine hohe Temperatur. — Gleich wenig sind wir über eine in den letzten Jahren durch Backhouse [3]) bekannt wordene warme Quelle unterrichtet, welche in der Nähe Bersebas, einer an dem Caledon, einem der vielen grofsen Quellenströme des Garip liegenden französisch-evangelischen Missionsstation zu Tage tritt. Nur das wissen wir, dafs sie viel Gas entbindet. Uebrigens dürfte die letzte Therme nicht die einzige ihrer Art auf dem Plateau des oberen Garip sein, da nach Arbousset

province of Algoa Bay. London 1843, 69. Chase ist der einzige Autor, der die Schwefelablagerungen des östlichen Caplandes erwähnt. Ihr Vorkommen in der Nähe von Schwefelquellen erinnert übrigens an ein ähnliches von Mollien beschriebenes (Voyage dans la République de Colombie I, 117) in Süd America, wo nämlich in der Nähe der bereits erwähnten Schwefelthermen von Tunja sich ebenfalls Schwefelgruben finden.

[1]) Meyer (Commentariorum de plantis Africae Australioris Fasc. I. Lipsiae 1835. XXXII) nach des deutschen Botaniker Drège Messungen.

[2]) Sonst führt noch diese Thermen in Hantam Chase in dem eben angeführten Werke 77 an.

[3]) S. 359.

wirklich noch andere Quellen von höherer Temperatur sich dort vorfinden [1]), und weil auch nach Backhouses Erkundigungen [2]) heifse Quellen östlich von Lithaku an verschiedenen Stellen des oberen Laufs des Malalarin (Hart Rivier der Colonisten), des westlichsten grofsen, nach Süden fliefsenden Quellstroms des Garjp entspringen, von denen er aber nichts berichtet, da er selbst nicht die Gegend des Stroms besucht hat.

In eine zweite Thermengruppe glaube ich ferner alle laue und warme Quellen rechnen zu dürfen, die auf der Ostseite des Continents im Küstenlande der Adáls und auf dem Hochlande Abyssiniens entspringen und ihrer bei Weitem gröfseren Zahl nach erst in den letzten 20 Jahren erforscht wurden, obgleich die Existenz derselben in einigen Theilen Abyssiniens bereits im Alterthum nicht unbekannt war. Dies ist namentlich bei denjenigen der Fall, welche im nordöstlichen Abyssinien (im jetzigen Lande Tigre) entspringen, indem der zweite Theil der bekannten und merkwürdigen, von dem Mönch Cosmas, dem sogenannten Indicopleustes, mitgetheilten Inschrift von Adule [3]) heifse

[1]) Arbousset (150) sagt z. B., dafs eine schöne Thermalquelle in dem weiter nicht bekannten, auf dem rechten Ufer des Garip gelegenen Büffelthale vorkomme, und dafs sie dort nicht die einzige sei.

[2]) S. 410. Bemerkenswerth ist hierbei Backhouse sichtlich nur aus Erkundigungen geflossene Mittheilung, dafs nördlich des Imparani (? north of Imparani) und am Hart Rivier sich Rauch und helle Flammen aus sumpfigen Stellen entwickeln, die der Berichterstatter jedoch nicht für ächt vulcanische Phänomene hielt, da er ausdrücklich sagt: No active volcano is known in South Africa, und weil er trotz der Nähe der warmen Quellen am Hart Rivier und der von ihm angeblich an verschiedenen Stellen beobachteten Schmelzungen des Sandsteins durch Laven doch sein Urtheil über dies Phänomen nicht bestimmt auszusprechen wagte.

[3]) Montfaucon Collectio nova Patrum et scriptorum Graecorum. Paris 1706. II, 142. Nach des gelehrten Vincent Erläu-

Quellen in den Bergen aufführt, welche die Lasine, Zaa, Gabala genannten und durch den damaligen Beherrscher des Axumitischen Reichs (des neueren Tigre) bekriegten Völkerschaften bewohnten. Dafs die Adulitanische Inschrift mit Grunde die Existenz warmer Quellen in Abyssinien aufführt, wurde jedoch erst durch neuere Reisende erwiesen, indem keiner der älteren Berichterstatter über dies Land, wie Alvarez, Bermudez, Tellez, Goes, Godinho, ja nicht einmal der fleifsige und gewissenhafte Hiob Ludolf davon Kenntnifs gehabt zu haben scheint. Erst Bruce, der Wiederentdecker Abyssiniens im verflossenen Jahrhundert, erwähnte am Fufse des hohen, aus Basalt, Trachyt und basaltischen Mandelsteinen gebildeten

terung (The Periplus of the Erythrean Sea. London 1800. App. 64) ist das Gebiet der Lasine die jetzige ostabyssinische Landschaft Lasta, was sicherlich eine richtige Bestimmung ist, die in neuerer Zeit dadurch bestätigt wurde, dafs nach des Missionar Krapf (Journals of the Rev. Mssrs. Isenberg and Krapf, detailing their proceedings in the Kingdom of Shoa and journeys in other parts of Abyssinia. London 1843, 456), welcher Lasta durchreiste, Vermuthung das dortige hohe Gebirge 8 und 10000 Fufs, also bis zur Schneegränze ansteigt, indem die Adulitanische Inschrift die Lasine und den Kriegsschauplatz des Axumitischen Herrschers grade in die Nähe der mit tiefstem Schnee bedeckten Gebirge des Semenae (Σεμῆναι ἔθνος) Volkes oder der Bewohner der jetzigen Landschaft Samen setzt. Bekannt ist aber, dafs beide, Samen und Lasta, die höchsten Landschaften überhaupt Abyssiniens sein dürften, indem auch in Samen Berggipfel bis zur Region des ewigen Schnees sich erheben. Weniger richtig erscheint dagegen Vincents Ansicht, dafs das Land der Zaa das heutige Shoa ist, obgleich auch letzteres Land zahlreiche heifse Quellen besitzt, wie das Folgende ergeben wird und namentlich in seinem nördlichen gebirgigen Theile häufiger von Schnee und Frost zu leiden hat. Ueber den Wohnsitz der Gabala ist endlich nichts Bestimmtes zu ermitteln.

Samengebirges und am linken Ufer des Tacazzé, des bekannten grofsen Zustroms des abyssinischen Nils, eine starke, Ingeroha von den Landesbewohnern genannte Quelle, die in der Regenzeit rauchen und sogar heifs werden soll, ihm aber nicht mineralisch erschien, da er ihren Geschmack gut fand [1]). Andere Thermen erwähnte jedoch weder Bruce, noch dessen nächster Nachfolger in Abyssinien Salt, so dafs in neuerer Zeit die Französischen Reisenden Combes und Tamisier [2]) erst wiederum von zwei durch die Landesbewohner häufig in Krankheiten benutzten Thermen Kunde gaben, die zu Dembéhé bei Massowah unweit der Küste des Rothen Meeres entspringen. Aber über deren Natur und Temperatur finden wir nichts Bestimmtes durch dieselben berichtet, jedoch sind es unzweifelhaft die nämlichen Thermen, von denen in neuester Zeit der um die Kunde Abyssiniens so höchst verdiente französische Reisende Rochet (d'Héricourt) Kunde gegeben hat, indem von diesem schon in in einer Stunde Entfernung westlich Massowah Thermalquellen an dem Orte Momoullou von 34°,3 C. Temperatur, und, wie er ausdrücklich hinzufügt, in der Nähe alter erloschener Vulcane angetroffen wurden [3]). — Liefs aber bereits die überaus grofse Fülle und Mannigfaltigkeit vulcanischer Gebilde in der Landschaft von Massowah [4]), wie sie von allen neueren Reisenden erkannt worden ist, mit Grund erwarten, dafs weitere Forschungen die Zahl der dortigen Thermen um ein Bedeutendes vermehren würden, so hat in der That diese Vermuthung durch Rochets Auffindung mehrerer Thermen wenige Stunden S. von Massowah bei den Ruinen der uralten Handelsstadt Adulis eine

---

[1]) Travels to discover the sources of the Nile. Edinburgh 1790. 5 Vol. III, 163.

[2]) Voyage en Abyssinie. Paris 1839. 4 Vol. IV, 203.

[3]) Comptes rendus de l'Academie de Paris 1850. XXX, 25.

[4]) Die vulc. Thät. 105.

wesentliche Stütze erhalten. Rochet berichtet nämlich, dafs er ¾ Stunden westlich Adule und nur 1400 Schritt vom Meere, also noch in der Küstenstufe, 3 bei dem Orte Haleféte aus einer cellulosen Lava hervorbrechende Thermalquellenarme beobachtet habe, deren Wasser eine Temperatur von 44° C. zeigte und klar war und in dem trotz seines reichen Gehalts an Glaubersalz und schwefelsaurer Magnesia Fische von 1—2 Centimeter Länge lebten [1]). — An einer anderen Stelle derselben Gegend bei dem Orte Guel, auch nur ¾ Stunden O. von Adulis, traf Rochet sogar 18 Arme von Thermalquellen von 69°,8 bis 58°,4 C. abwärts an der Basis eines alten Vulcans und bedeckt von der hohen Fluth [2]). Nicht minder häufig scheinen ferner solche Thermalquellen an dem östlichen Abfalle des abyssinischen Hochlandes gegen den Küstenrand vorzukommen, indem hier 13½ Stunden von Massowah Thermen zu Ailate zuvörderst durch Rüppell [3]), dann durch den bekannten Missionar Wolff [4]) und zuletzt durch Lefebvre [5]) und Rochet [6]) erforscht wurden. Dieselben entspringen nach Rüppell mit hoher Temperatur aus Talkschiefer, welcher durch einen Basaltgang durchsetzt wird, in 4 nahe an einander gelegenen Mündungen mit solcher Stärke, dafs sie sofort einen Bach bilden, dessen Wasser zugleich so rein von fremden Elementen ist, dafs es sich vortrefflich zum Trinken eignet. Nach Rüppell beträgt die Temperatur des heifsesten Armes 67°,4, nach Rochet 65°,2 und nach

---

[1]) A. a. O. XXX, 26.

[2]) Ebendort XXX, 26.

[3]) Reise in Abyssinien. I, 233.

[4]) Journal of the Rev. Joseph Wolff containing an account of his Missionary labours from the years 1827 to 1831. London 1839, 334.

[5]) Voyage dans l'Abyssinie. Paris 1844—50. I, 333 und III, 3.

[6]) Comptes rendus XXX, 25; Rochet selbst setzt Ailate (Heylate bei ihm) in nur 9 Stunden Entfernung von Massowah.

Lefebvre nur 56° C. Das Wasser nennt auch Rochet klar, aber stark mit schwefelsaurer Magnesia und schwefelsaurem Natron, wie das von Hatefête, geschwängert. Gleichzeitig quille es so reichlich, dafs es einen Bach bilde, der den Bergbewohnern zum Baden diene. Rochet fand es über Trappgesteine seinen Lauf nehmend, während Rüppell in dessen Nähe Trachytströme versetzt [1]). Aufserdem gibt es bei Ailate noch andere warme Quellen von geringerer Temperatur und zugleich von geringerer Stärke.

Tiefer im Innern des nördlichen Abyssiniens fehlt es ebenso wenig an zahlreichen Thermen, da in demselben durch die neueren Reisenden abermals eine höchst ausgedehnte und mächtige Verbreitung der entschiedensten vulcanischen und plutonischen Gesteinmassen zugleich mit Spuren noch fortdauernder vulcanischer Thätigkeit nachgewiesen worden ist. Noch fehlen bestimmtere, dem Stande der Wissenschaft genügende Angaben über das Vorkommen und die Eigenthümlichkeiten der Thermen im Inneren Tigres, doch ist nicht zu zweifeln, dafs das eben in Publication stehende Werk Rochets über seine neueste abyssinische Reise, so wie die Fortsetzung des Reiseberichts der französischen Generalstabscapitaine Ferret und Galinier, die sich 4 Jahre anhaltend mit der genauen Erforschung des nordöstlichen Abyssiniens beschäftigt haben [2]), auch diese Lücke auf eine willkommene Weise ausfüllen werden, da letztere schon in der vorläufigen Notiz über ihre Untersuchungen die Existenz zahlreicher Thermen in den von ihnen durchzogenen Landstrichen, zu denen auch Tigre gehört, anführen [3]).

---

[1]) Die vulc. Thät. 105.

[2]) Ferret et Galinier Voyage en Abyssinie dans les provinces du Tigre, du Samen et de l'Ambara. Paris 1846 et 1847. 2 Vol.

[3]) Comptes rendus de l'Academie de Paris 1844. XIX, 882. Seit dem Drucke meiner Arbeit über die vulcanische Thätigkeit auf dem

Selbst in dem noch sehr unbekannten, unter dem allgemeinen Namen Amhara bekannten centralen Theile Abyssiniens fehlen in der Nähe der auch hier so ungemein häufigen vulcanischen Gebilde und Erscheinungen Thermen durchaus nicht, indem der bereits öfter erwähnte neuere Reisende in Abyssinien, Schiffslieutenant Lefebvre, hier von einer der beiden Quellen des gröfsten Zuflusses des abyssinischen Nils, des Tacazzéflusses, in der Provinz Lasta erfuhr, dafs sie heifs sei [1]), und weil der-

Festlande von Africa, worin ich mich bemühte, aus den Beobachtungen der Reisenden in Abyssinien die wesentlichsten Züge der Eigenthümlichkeit auch dieses Land in Bezug auf den vulcanischen Procefs zusammenzufassen, haben uns die Berichte Rochets über seine dritte Reise und der 2. mir vor Kurzem erst zugekommene Band von Ferret und Galiniers Reisebericht noch specieller in diese Verhältnisse eingeweiht. Durch Rochet erfahren wir unter andern, dafs der höchste Punkt der zu Tigre gehörenden Landschaft Samen und zugleich einer der höchsten ganz Abyssiniens, der Ras (Spitze) Bouahîte, eigentlich eine ganze Anhäufung vulcanischer Massen (un amoncellement de volcans) ist, die von tiefen Crateren in westöstlicher Richtung durchbohrt wird, ferner dafs der Ras Gouna, ebenfalls einer der höchsten Punkte dieser Gegenden, nur den Gipfel eines beträchtlichen Vulcans bildet, an dessen Südseite Lavenströme von sehr grofser Stärke erscheinen (Comptes rendus XXX, 25 und 27). Endlich bestätigten Ferret und Galinier (Voyage II, 283) die enorme Entwickelung der Trachyte und Basalte sowohl in Samen, wo nach ihren Erfahrungen auf einigen der höchsten Gipfel, des Detschem z. B., in Schlacken übergehende olivinführende braune Basalte auftreten (Voyage II, 205), wie in Lasta zwischen dem 12 und 13° N.B., ferner das Erscheinen aufserordentlich deutlicher Spuren vulcanischer Thätigkeit, und sie stehen sogar nicht an, ausdrücklich die Ansicht auszusprechen, dafs die bis 2000 Mètres mächtigen Trachyt- und Basaltmassen die tertiären Ablagerungen durchbrochen und sich über sie ergossen haben müfsten (Voyage II, 283).

[1]) Voyage dans l'Abyssinie Rel. hist. II, 142.

selbe Beobachter aufserdem bei der Stadt Ouereta ebenfalls eine Therme Ambabo mit piquantem Geschmack antraf [1]), endlich weil Rüppell sogar von der Existenz zahlreicher warmer Quellen in der Provinz Begemder und zugleich in dem schon theilweise am nordwestlichen Fufse des abyssinischen Hochlandes liegenden District Cuara Kunde erhielt [2]). Namentlich wurden Rüppell die Punkte Lebek, Guramba, Geneta Georgis, Abbo und Abrean in Begemder ihrer warmen Quellen wegen genannt, von denen nur St. Abbo in der jetzt schon zum Reiche Shoa gehörenden kleinen Provinz Gedem neuerlichst bekannter worden ist, da die dortigen Thermen in den letzten Jahren mehrfach durch Europäer und zwar zuvörderst durch Beke [3]) und Krapf und bald darauf auch durch Capt. Harris [4]) besucht wurden [5]). Auch das Vorkommen von Thermen rund um den gewaltigen Tzanasee war bereits Rüppell bekannt [6]), so wie völlig übereinstimmend hiermit Ferret und Galinier neuerlichst erfuhren, dafs am Fufse der den Tzana in Amhara kranzförmig umschliefsenden und aus Trachyt, Basalt und anderen vulcanischen Gesteinen bestehenden Bergketten eine grofse Zahl Thermalquellen entspringt [7]).

Nach Bekes, Krapfs und Harris Berichten entspringen die starken Thermen von St. Abbo oder die

---

[1]) Ebendort II, 306.

[2]) Reise nach Abyssinien 2. B. Frankfurt 1840. II, 320. Dies Ouereta gehört schon zur Provinz Begemder.

[3]) Journal of the Geogr. Soc. of London XII, 93.

[4]) The Highlands of Aethiopia. 3 Vol. London 1844. II, 363—365.

[5]) Ich halte nämlich die Rüppellschen Thermen von St. Abbo in Begemder deshalb für identisch mit den Abbothermen in Gedem der neuesten Reisenden, weil die Nordspitze Gedems unmittelbar mit Begemder zusammenstöfst.

[6]) Reise I, 421.

[7]) Voyage II, 227.

Filambathermen, wie sie zuweilen genannt werden, zwei (nach Harris gar 5) an der Zahl, nordöstlich von Shoas Hauptstadt Ankober in einiger Entfernung auseinander in einer tiefen, von einem Bache durchzogenen Schlucht mit sehr hoher, von Beke und Krapf sogar dem Kochpunkte gleich gesetzten Temperatur, indem diese Reisenden die Hitze im ersten Augenblicke kaum ertragen konnten. Abweichend hiervon ergaben aber Harris directe Thermometerbeobachtungen bei dem einen Thermenarme, der eigentlichen Quelle von St. Abbo, welche aus dem gewöhnlichen, rothen, über basaltischer Wacke gelagerten Sandstein hervorbricht, nur eine Temperatur von 48° C., bei einer zweiten, der aus einer Höhle entspringenden Mariam oder h. Jungfrauquelle, gar nur eine von 45° C. Jene erste Quelle liegt höher als diese und bildet einen constanten, hoch herabfallenden und deshalb den Eingeborenen als treffliche Douche dienenden Strom. Die zweite sammelt sich ihrerseits in einer Art Teich, worin Kranke untertauchen können. Die dritte oder die Aragawiquelle hat nach Harris Erkundigungen den meisten Ruf und liegt ganz hart an der 4., der Selassie (d. h. heiligen Dreieinigkeits)quelle und entspringt, wie sie, aus dem sandigen Uferrande des Bachs und mit derselben Temperatur von 47,7° C. Alle Quellenarme werden von zahlreich zusammenströmenden Kranken und selbst solchen, denen keine Heilquelle oder Kunst mehr helfen kann, z. B. von Blinden, zum Baden und Trinken benutzt; man zahlt für den Gebrauch derselben eine kleine Abgabe an den Gouverneur des Districts. Getrunken wird besonders die eigentliche Abbotherme. Der Mineralgehalt aller Quellen mag jedoch nur schwach sein, indem Beke und Krapf bei wiederholter Prüfung gar keinen Geschmack und Geruch wahrnahmen, und ebenso Harris nur einen geringen Geschmack und Geruch nach Schwefelwasserstoff bemerkte. Dafs übrigens die Thermen die Natur der Schwefelquellen besitzen, erweist auch Harris

Wahrnehmung des Vorkommens beträchtlicher Mengen von Zoogen dar, da solche Substanzen bekanntlich in den Pyrenäen und Italien ausschliefslich in Schwefelthermen sich finden [1]). Wahre mineralische Niederschläge soll man hier wirklich nirgends bemerken. Alle diese in Rede stehenden Rhermen entspringen am Fufse eines steilen, bis 1000 Fufs über den Spiegel des Bachs ansteigenden Berges und in der Nähe eines grofsen erloschenen Kraters, des Felamba, d. h. kochenden Berges [2]), woher sie zuweilen auch ihren Namen führen. Aber schon 5 Schritt davon befindet sich der Bach mit reinem kalten Wasser. — Verschieden endlich von den eben beschriebenen sind noch andere Thermen mit 35° C. Temperatur, welche Lefebvre [3]) in der ostabyssinischen Landschaft Angote am Fufse der hohen, unter dem Namen Amba Sel oder Amba Geschen [4]) führenden Gebirges hatte kennen lernen. Sie werden die Berberi Ouaha genannt und entspringen in einer abermals durch einen Strom kalten Wassers durchzogenen Thalschlucht aus eisenhaltigem Thonschiefer. Auch sie werden häufig von Kranken besucht und verdanken unzweifelhaft vulcanischen oder plutonischen Processen ihren Ursprung, da der Berichterstatter Rollstücke von Porphyr in der Thalschlucht antraf, eine Beobachtung, die unzweifelhaft darthut, dafs Porphyre in letzterer anstehen. — Endlich sah noch Beke zu Buri am Westrande des abyssinischen Plateaus in der südlich von dem schon genannten District Cuara gelegenen Landschaft Agamider (Land des Agowvolks-

---

[1]) Harris the Highlands of Aethiopia. II, 364.

[2]) Journal XII, 93.

[3]) II, 173.

[4]) Amba heifst im Abyssinischen Berg, und es kommt deshalb dies Wort sehr häufig in den Namen von Bergen bei den Berichterstattern über Abyssinien vor. Geschen ist dann der Name des Districts, worin der hier gemeinte Berg auftritt.

stamms) eine mit einiger Gewalt aus einem Sumpfe hervorbrechende laue und sehr salinische Quelle von marinem Geruche, die unzweifelhaft Magnesia oder Glaubersalz in der Art der St. Abbo und Nisbettherme enthält, indem ihr Genufs starkes Harnen und etwas Purgiren zur Folge hat [1]). Welcher Natur jedoch das reichlich nach Bekes Wahrnehmung sich entbindende Gas hat, ist nicht zu errathen, da der Reisende selbst sich darüber nicht erklärt hat.

Sämmtliche eben aufgeführte Thermen des südlichen und südöstlichen Abyssiniens verbinden sich unzweifelhaft mit einem gleich zu erwähnenden zweiten grofsen Thermalquellenzuge in dem jetzigen Reiche Shoa, das in früheren Jahrhunderten mit den noch bestehenden christlichen Staaten Nord Abyssiniens zu einer einzigen grofsen Monarchie vereinigt war und sich am Südrande des ausgedehnten abyssinischen Plateaus hinstreckt. Die grofse Fülle von Thermen im Bereiche des in Rede stehenden Plateaus, und umgekehrt die Sparsamkeit, womit ähnliche mineralische Quellen von höherer Temperatur innerhalb des Plateaugebiets von Süd Africa auftreten, macht es abermals sehr deutlich, wie eng durchweg die geognostischen Verhältnisse mit der An- oder Abwesenheit von Thermen in einem Landstriche verknüpft sind. Während nämlich das Erscheinen der überaus grofsen Menge von Thermen an den Rändern und innerhalb des bis 8000 Fufs im Durchschnitte hohen abyssinischen Sandsteinplateaus allein dadurch möglich ist, dafs die überall im Bereiche desselben vorhandenen plutonischen und vulcanischen Gesteine einst die gewaltige Sandsteindecke aufbrachen und in den unermefslich tiefen und engen Spalten des Sandsteins das Emportreten der im Erdinneren erhitzten Wasser zu Tage als Thermen gestatteten, sehen wir im westlichen Theile der materiell und formell ganz gleich gebildeten Plateauländer

---

[1]) Journal of the Geogr. Soc. of London. XIV, 37.

Süd Africas gar keine Thermen erscheinen; sicherlich nur deshalb weil es hier nur höchst sparsam vertheilte plutonische und, so viel wir wissen, gar keine entschiedene ächt vulcanische Gebilde gibt, während wenigstens einzelne Thermen an den westlichen und südlichen Rändern dieser Plateauländer auftreten, wo, wie bereits erörtert, die unermeſslich tiefen spaltenartigen Thalschluchten und das auf der Sohle der letzten bekannt wordene Auftreten des Granits auf eine einstige Thätigkeit convulsivischer Kräfte hinweisen, von denen in der That innerhalb des jetzigen südafricanischen Plateaulandes kaum Spuren sich erhalten haben.

Wie erwähnt, finden sich ferner Thermen höchst zahlreich in dem jetzigen Reiche Shoa und in dem in Osten unmittelbar daran angränzenden Lande des Adálvolks, ja nach den vorliegenden Berichten scheint es fast, als wenn kein einziges anderes Gebiet der Erde, Island und Java etwa ausgenommen, mit einer ähnlichen Fülle von Thermen ausgestattet wäre. Für die Theorie ihrer Entstehung ist es von hoher Wichtigkeit festzuhalten, daſs nach den übereinstimmenden Beobachtungen der zahlreichen neueren Reisenden in diese Gegenden, namentlich Rochets, Bekes, Harris, Johnstons, Kirks, Roths und Krapfs plutonische und sogar die ausgezeichnetsten vulcanischen Gebilde in unermeſslicher Fülle, Mannigfaltigkeit und Entwickelung einen groſsen Thermenzug ununterbrochen von den Küsten des Oceans bei Tadschourra bis zu dem äuſsersten Westen in den oberen Nilgegenden begleiten [1], und daſs da, wo dergleichen Gesteinmassen feurigen Ursprungs mit geschichteten rothen Sandsteinmassen, grade wie im eigentlichen Abyssinien, zusammentreffen, spaltenartige Thäler gleichfalls unwiderleglich höchst gewaltsam stattgefundene Einwirkungen auf vorweltliche Terrainveränderungen erweisen.

[1]) Die vulc. Thät. 110—129.

Die früheste Erwähnung der Thermen Shoas und des Adállandes finden wir im Jahre 1839 in einem kurzen Berichte, den wir über die von Tadschourra nach dem Inneren unternommene Reise der um die geographische Kunde dieser Theile des Continents so hoch verdienten deutschen Missionare Isenberg und Krapf besitzen [1]. Aber Rochet war es eigentlich, welcher diesem Gegenstande auf seinen beiden Reisen nach Shoa die umfassendste Aufmerksamkeit widmete und durch seine gleichzeitigen geognostischen Beobachtungen eine vollkommene Einsicht in den innigen Zusammenhang des Auftretens der Thermen mit den materiellen und formellen Eigenthümlichkeiten der in Rede stehenden Landstriche eröffnete [2], wozu die Berichte aller übrigen gleichzeitigen oder späteren Reisenden nach Shoa nur die Bestätigung lieferten. Schon auf seinem ersten Zug von Tadschourra nach Shoa gelang es Rochet nicht weniger als 25 Thermen und zwar sämmtlich von sehr hoher Temperatur, einige sogar von Kochhitze aufzufinden, zu denen er dann auf seiner zweiten Reise die Kenntnifs einiger anderen hinzufügte, was auch später von einigen seiner Nachfolger geschah. Die östlichste dieser Thermen findet sich nach Harris bereits bei Tadschourra, selbst hart am Meeresstrande und zugleich am Fufse des Ras Dukhán vor [3], doch hat es der Reisende unterlassen, über die Temperatur und den mineralischen Caracter der-

---

[1]) Memoirs of the Geogr. Soc. of Bengal und daraus im Bull. de la Soc. de Géogr. de France 1840. XIII, 161.

[2]) Comptes rendus de l'Acad. de Paris 1841, XII, 735 und Bull. de la Soc. de Géogr. de France. 1841. XV, 281.

[3]) A. a. O. I, 53. Auch Lieutenant Barker berichtete neuerlich über das ausgedehnte Auftreten mächtiger vulcanischer Gesteinmassen und namentlich von Laven ganz in der Nähe von Tadschourra (Journ. of the Geogr. Soc. of London XVIII, 31).

selben Beobachtungen mitzutheilen [1]). Von viel gröfserer Bedeutung erscheinen dagegen die Thermen des Binnenlandes, die sich sofort da einzustellen scheinen, wo man den niedrigen heifsen Küstenstrich verläfst. So traf Rochet [2]) zuvörderst zu Néhélle in der Nähe trachytischer Ablagerungen eine Quelle von 4 Fufs Peripherie und 68°,8 C. Temperatur, ferner 14 andere von etwas schwefliger Natur zu Hâoulle (Aioulle Kirks) am Fufse eines aus Granit, Trachyt, Gneis und Basalt bestehenden Hügels [3]). Die Temperatur von 4 stark wallenden Quellen steigt nach unseres Berichterstatters directen Messungen auf 100° C., was sehr wohl erklärt, dafs man in denselben Speisen kochen kann. Die übrigen Quellen besitzen dagegen eine viel geringere zwischen 97°,7 und 66°,3 C. varirende Temperatur. Die stärkste unter ihnen bildet am Ursprunge schon ein Becken von 167 F. Peripherie bei 3—4 F. Tiefe. Von der Heilkraft aller dieser Thermen zu Haoulle haben übrigens die Landesbewohner so wunderbare Vorstellungen, dafs sie sie, wie es im Caplande und in Abyssinien geschieht, ohne Unterschied in allen Krankheiten, nicht allein in rheumatischen und Hautübeln, wo sie sonst besonders wirksam sind, gebrauchen. Noch tiefer endlich im Inlande bemerkte Rochet eine Therme von 75° C.

---

[1]) Auch Rochet (d'Héricourt; Voyage sur la côte occidentale de la mer Rouge, dans les pays d'Adel et le Royaume de Choa. Paris 1841, 52) erwähnt, dafs bald NO. von Tadschourra ein ansehnlicher vulcanischer Berg, Debenet mit Namen, vorkommt, der auf seiner Spitze einen erloschenen Krater trägt.

[2]) Ebendort 75.

[3]) Ebendort 81. Es sind diese Thermen von Hâoulle unzweifelhaft identisch mit den 4—5 von Isenberg und Krapf an einem Ahull genannten Punkte aufgefundenen Thermen (Journals of the Rev. Messrs. Isenberg and Krapf, 32), welche von ihnen vermuthungsweise für Schwefelthermen angesprochen wurden.

zu Oiram-Mellé [1]) und zuletzt noch einen ganzen Complex von Thermen bei Coummi, wo dieselben mit 2—4 Fufs Tiefe und ziemlich gleicher Stärke am Fufse eines aus Granit- Gneis, Syenitporphyr und porphyrartigem Trachyt bestehenden Berges, des Amoisa, und in der Nachbarschaft von nicht weniger, als 5 erloschenen Vulcanen auftreten, von denen einer den Reisenden an den Vesuv erinnerte. Rochet fand die Temperatur von 6 dieser Thermen zu resp. 58°,8; 70°,4; 75°; 78°,7; 80°,1; 88°,8 C. und bei der 7. sogar von etwas über 90° [2]). Aufser diesen auf seiner ersten Reise selbst untersuchten Thermen erwähnte Rochet die Existenz noch anderer nach Mittheilungen der Eingeborenen. So gab derselbe z. B. [3]) Thermen an einem 17 Stunden in ostnordostlicher Richtung von Ankober und in der Nähe des ungeheuren Lavafeldes von Abida gelegenen, Malataqué genannten Orte an, andere zu Flambo 8 Stunden S.S.O. von Ankober, ferner kochend heifse Quellen bei Zanbo in dem sonst ganz unbekannten District Karoïte, und endlich hörte Rochet von Thermen in der später erst durch Harris besuchten Localität von Fantale, welche 18 Stunden SSO. von Ankober in einer ausgezeichnet vulcanischen Gegend auftreten, und in deren Nähe sich die angeblich ganz jugendlichen Lavenströme des Zaboukraters mit dem grofsen Winzegour oder Fantalekrater befinden, welcher letztere selbst nichts als eine ungeheure, durch 6—800 Fufs hohe Felswände gebildete Schlucht ist, woraus noch in neuerer Zeit die ganze Umgegend durch einen vulcanischen Erguss überschwemmt wurde, endlich auch der mit schwarzen, porösen Lavawänden aufsteigende Jujubaberg mit seinem von Wasser erfüllten Bourschuttaschlott

[1]) Ebendort 87.

[2]) Desgleichen 94—95.

[3]) Desgleichen 263.

auftritt [1]). — Auf seiner zweiten Reise nach Shoa lernte Rochet [2]) noch einige am Westrande des Shoaplateaus zu Medina auftretende Thermen von 54° C. kennen, zu denen Lieut. Barkers [3]) Erkundigung andere hinzufügte, welche zwei Tagereisen nur von Ankober zu Sirke oder Sirge entspringen. Endlich geschah Gleiches durch Lefebvre [4]), von welchem zu Balidekème, einem Orte des nordöstlichen Shoa dicht bei einem Strom kalten Wassers eine aus thonigem Boden entsprungene Therme gefunden wurde. Eine zweite warme Quelle erfüllt in derselben Localität ein natürliches Becken von 10 Fufs Länge, 5 Breite und 3 Tiefe und tritt aus Spalten im Syenit hervor, eine dritte aus eisenschüssigem Thonschiefer. Bei keiner derselben vermochte jedoch Lefebvre einen besonderen Geschmack wahrzunehmen, dennoch nennt er sie Schwefelwasser, weil eine hineingeworfene Silbermünze durch sie schwarz wurde. Gleichzeitig legt dieser Reisende allen 3 Quellen einen gemeinschaftlichen Ursprung bei, obwohl deren Temperaturen und noch mehr deren Heilkräfte von einander abweichen, indem die ersten beiden 42° C. Temperatur besitzen, und bei verschiedenen Aussatzkrankheiten wirksam sind, die dritte dagegen von 44° C., von den Leidenden als Douche auf Nacken und Hals angewandt, bei Rheumatismen nützlich wirkt. Nächstdem berichteten Lefebvre [5]), Rochet [6]) und Krapf [7]) über einen höchst interessanten Ther-

---

[1]) Die vulc. Thät. 120—122.

[2]) Second voyage dans le Pays des Adels et le Royaume de Choa. Paris 1846, 266.

[3]) Journ. of the Geogr. Soc. of London. XII, 238.

[4]) Voyage. Rel. hist. II, 202.

[5]) Voyage. Rel. hist. II, 239.

[6]) Pr. Voy. 253—254.

[7]) Krapf sagt, dafs es in diesem Thermenzuge 3 sehr schweflige Thermen von solcher Hitze gebe, dafs man in ihnen den Finger nicht einen Augenblick halten könne (Journals of

mencomplex mehrere Tagereisen SSO. von Ankober im Gebiete der Fine Finies Gallas und zugleich am Fufse einer langen Bergkette gleiches Namens, wo einzelne Quellenarme in grofsen Strahlen und mit 100° Wärme aus dem flachen Erdboden in der Nähe alter Lavenergüsse hervorbrechen. Von Rochet und Krapf werden sie Schwefelwasser genannt, doch enthalten sie unzweifelhaft noch Glaubersalz oder Magnesiasalze, da sie gleich den vorhin erwähnten Thermen von St. Abbo augenblicklich ungemein stark auf den Stuhlgang wirken und bitter schmecken. Rund um ihre Mündung fand Lefebvre den Boden so aufgeweicht, dafs dessen Betreten gefährlich war. — Von abweichender Natur erscheinen endlich die Thermen, welche nach den durch Johnston eingezogenen Nachrichten zwischen Tadschourra und Shoa in mehrere Fufs hohen, aus Wasser und Dunst bestehenden Strahlen aus ihren Mündungen aufsteigen und muthmafslich, wie die Isländischen Geyser und die Thermen im Gebiete der Fine Finie, sich erst nahe der Erdoberfläche aus tropfbar gewordenen Wasserdämpfen bilden. Da aber der Reisende sie nicht aus eigener Anschauung kennen lernte, und dieselben bis jetzt auch von keinem einzigen europäischen Reisenden untersucht worden sind, so ist ihr Mineralcaracter noch völlig unbekannt, und es läfst sich deshalb nicht bestimmen, ob die ansehnlichen Quantitäten weifser steiniger Niederschläge [1]), die man rund um ihre Mündung treffen soll, kiesliger Natur, wie die der Geyser nach Johnstons Meinung, oder kalkiger, wie etwa die Niederschläge des Karlsbader Sprudels sind [2]).

Msrs. Isenberg and Krapf 216); Lefebvre versichert dagegen, dafs die Temperatur des sehr bitter von ihm befundenen Thermalwassers nur 63° C. beträgt (Voy. Rel. hist. II, 240).

[1]) Travels in Southern Abyssinia. London 1844. I, 299.

[2]) Aus dieser Zusammenstellung der Nachrichten, die wir über die Thermen Shoas besitzen, ergibt sich genügend das Ungegründete in Harris Behauptung (II, 41), dafs es in diesem

Noch sind die Landstriche im Süden Shoas nach dem Aequator hin zu wenig bekannt, um ein bestimmtes Urtheil über eine etwaige dortige Anwesenheit zahlreicher Thermen zu rechtfertigen, doch fehlen dergleichen schwerlich, da uns bereits durch die neueren Forschungen sachkundiger europäischer Reisenden die höchst ausgedehnte Verbreitung plutonischer und vulcanischer Massen bis unmittelbar an die äufsersten südlichen Gränzen Shoas mit Sicherheit bekannt worden ist [1]), und die mannigfachen Sagen der Eingeborenen jenseits der Gränzen Shoas, so wie der Name des Reichs Hurrur [2]) mit Grund die Fortsetzung derselben Gebilde auch in den bis jetzt den Europäern völlig unzugänglich gebliebenen tropischen Landstrichen in Aussicht stellt. Wäre diese Verbreitung gegründet, so dürften schwerlich auch in den Aequatorialgegenden zahlreiche Thermalquellen als letzte Producte des grofsen vulcanischen Processes, der einst diese Gegenden bewegt haben mag, fehlen. Eine vorläufige Bestätigung dieser Vermuthung finden wir in der That bereits in einer neueren Mittheilung des emsigen und unerschrockenen erdkundlichen Forschers, Lieut. Cruttendens von der britischen Marine, über das von den Somali bewohnte Küstenland gegen Cap Guarduafui hin. Cruttenden [3]) zufolge entspringt nämlich bei Dthubar, wenige Stunden nur von dem bekannten Handelsplatze Berbera und dem hohen und steilen conischen Berge [4]) von Deimoti in einem Thale eine Thermalquelle von 51,1° C. (125° F.) Temperatur bei 24,4° C. (76° F.) Luftwärme und ferner oberhalb dieser Therme

---

Lande überhaupt nur wenige bekannte und benutzte Thermen gebe.

[1]) Die vulc. Thät. 118.

[2]) Die vulc. Thät. 130.

[3]) Journal of the Geographical Soc. of London XIX. 60—61.

[4]) Die vulc. Thät. 88, 107, 137, 161, 191 u. s. w.

in demselben durch Sand- und Kalkstein gebildeten Thale eine zweite warme Mineralquelle von unangenehmerem Geschmack unmittelbar neben einer kalten, die aber süfses und gutes Wasser hatte. Nach des Berichterstatters Versicherung dürfte es sogar ein volles Hundert Quellen mit höherer Temperatur in diesem Thale geben, doch soll letztere bei keiner einzigen höher, als bis 40,°6 C. steigen. Die Thermen sind stark mit Eisen geschwängert [1]).

In der Nähe des westlichen Fufses des abyssinischen Hochlandes hat man Thermen noch nicht kennen lernen. Doch ist selbst nach den sehr wenigen, bis jetzt über jene Gegenden bekannt wordenen geognostischen Thatsachen an einem reichlicheren Vorkommen derselben nicht zu zweifeln. In völligem Einklange mit einer solchen Vermuthung steht nämlich die von dem bekannten englischen Reisenden Brown [2]) am Ende des vorigen Jahrhunderts erkundete Existenz einer äufserst heifsen Schwefelquelle [3]), welche angeblich am Mora, einem der gröfsten Gebirge Dar Furs, entspringt [4]), ferner die von Rüppell eingezogene

[1]) Ist dies richtig, so würde die Zahl der Stahlthermen Africas abermals dadurch eine Vermehrung erhalten.

[2]) Travels in Africa, Egypt and Syria from 1790—1798. London 1806, 306.

[3]) Schwefeldämpfen schreibt es Brown zu, dafs sich derselben kein Thier nähern kann.

[4]) Führt uns nicht eine Wortähnlichkeit irre, so dürfte der Name Mara zunächst auf das arabische Wort Mara zurückleiten und die Vermuthung erwecken, dafs Browns Schwefeltherme durch starke Beimengungen von Bittersalz den arabisch sprechenden Eingeborenen dieser Gegend so auffallend geworden ist, dafs sie Veranlassung nahmen, selbst dem Gebirge, worin die Quelle zu Tage tritt, den Namen Mara beizulegen. Sehen wir nun, dafs kalte Bittersalz führende Quellen in allen Theilen des africanischen Continents ungemein häufig sind, wie ich später zu erwähnen Veranlassung haben werde, so wie, dafs eine der bekanntesten Bittersalz führenden Quellen an der Gränze des

Nachricht von dem Vorkommen noch einer zweiten Therme in dem zum Gebirgslande Kordofans gehörenden Höhenzuge Koldadschi [1]), endlich die neueste von Ant. d'Abbaddie aus dem Munde eines einheimischen Reisenden, des Schachs Idris, mitgetheilte Nachricht [2]) über das Vorkommen einer stark wallenden Therme in Dar Fur, in welcher letzteren Kunde wir besonders eine willkommene Bestätigung der Richtigkeit von Browns älterer Nachricht finden können. Berücksichtigen wir hierbei Rüppells Erkundigungen über die vulcanische Natur des Koldadschi [3]) und die in 30 und mehr Stunden südlich von Obaid, der Hauptstadt Kordofans, vorkommenden kleinen Schwefelstalactiten, so wie die über Evaporationen schwefliger Dünste [4]), ferner Russeggers Mittheilung, dafs wandernde arabische Stämme noch aus den südlich Dar Fur gelegenen Landstrichen Schwefel zum Verkauf nach Kordofan bringen, endlich Wernes Erfahrungen über das Dasein entschieden vulcanischer Gebilde im oberen Nillande

---

Continents in der That seit den urältesten Zeiten der Geschichte den Namen Mara führt, endlich dafs, wie erwähnt, die Schwefelthermen von Tunja in Süd America wirklich einen reichen Gehalt an Sulfaten enthalten, denen die schwefelsaure Magnesia auf das nächste verwandt ist, so dürfte meiner Ansicht nach die eben ausgesprochene Vermuthung über den Ursprung des Namens Mara bei dem Gebirge in Dar Fur gar nicht so unwahrscheinlich ausfallen.

[1]) Reisen in Nubien, Kordofan und dem Peträischen Arabien. Frankfurt 1828, 150.

[2]) Nach Idris entspringt die Therme bei dem Dorfe Rotoke, dessen Name in der Landessprache so viel als Wäsche bedeutet, indem sich die Bewohner jener Gegenden des Quellwassers in Bädern als eines Heilmittels bedienen (Bull. de la Soc. de Géogr. de Fr. XVIII, 385).

[3]) Die vulc. Thät. 170.

[4]) Rüppell a. a. O. 150.

östlich vom Koldadschi [1]), so bleibt kaum ein Zweifel übrig, dafs ausgedehnte Entwickelungen von Thermen genau den Aeufserungen der vorweltlichen vulcanischen Processe bis in das Innere des Continents gefolgt sind, und dafs die erwähnten Schwefelproductionen auch mit dem Auftreten gröfserer Trachytmassen und reicher Schwefelthermen in innigster Verbindung stehen mögen.

Die Thermen, welche im nordöstlichen Africa, namentlich in Nubien, Aegypten und in den nördlichen und ägyptischen Oasenzügen bis Fezzan und Tripolis bekannt worden sind, bin ich geneigt zu einer dritten Gruppe zu rechnen. Ihre Zahl ist nicht grofs, und ihr Auftreten sehr zerstreut. Namentlich finden sich nur sehr geringe Spuren solcher Quellen im eigentlichen Nubien und in Aegypten. In erstem Lande kennt man z. B. aus neuerer Zeit nur eine einzige hierher gehörende Quelle, von welcher zuerst Rüppell [2]) und Hoskins [3]) nach eingezogenen Erkundigungen, dann die französischen Reisenden Cadalvene und Breuvery [4]) und endlich noch Holroyd [5]) aus eigener Anschauung Kunde gegeben haben. In den letzten Jahren besuchte Lepsius wiederum dieselbe Therme und sandte Proben ihres Wassers nach Berlin, die leider noch nicht analysirt worden sind, denen aber durch H. Rose muthmafslich in Kurzem eine gründliche Untersuchung zu Theil werden wird. Die Therme entspringt bei dem im Nilthale Unter Nubiens auf der linken Seite des Stroms und zugleich im District Suckot liegenden Dorf Ukmé (Okme) in einer Localität, wo Granit, Syenit und Thonschiefer anstehen [6]). Nach Holroyd ist dieselbe eine Salzquelle,

---

[1]) Die vulc. Thät. 165.

[2]) A. a. O. 13.

[3]) Travels in Ethiopia. London 1835, 268.

[4]) L'Egypte et la Turquie de 1829 à 1836. 2 Vol. Paris. II, 368.

[5]) Journal of the Geographical Soc. of London. 1839. IX, 163.

[6]) Rüppell 12—13.

da der Rand ihrer Mündung mit starken salzigen Niederschlägen bedeckt war. Cadalvene und Breuvery erhielten schon von den starken Salzkrusten Kunde und erklärten die Masse der ihnen vorgelegten Handstücke für Gemenge von Alaun und Kochsalz. Die Angabe aber derselben Forscher, dafs die Temperatur der Therme den Kochpunkt erreiche, ist nach Holroyds directen Versuchen irrig, indem dieser die Wärme nur zu 50° C. fand. Aufser dem Hauptarme treten endlich nach Holroyd in 200 Fufs Entfernung noch einige andere Arme von geringerer Bedeutung zu Tage.

Ueber die Existenz einer zweiten nubischen Therme findet sich in den neueren, sonst ziemlich zahlreichen Berichten über Nubien nicht die mindeste Kunde, wohl aber besitzen wir in den durch Et. Quatremère mitgetheilten Auszügen aus älteren arabischen Autoren eine hierher gehörende Notiz [1]), indem ein mit Nubien, wie es scheint, wohl bekannter Autor aus dem Mittelalter, Abou Selah, so genau von einer dortigen Therme spricht, dafs kaum zu bezweifeln ist, dafs späteren Forschungen die bestimmte Auffindung derselben gelingen wird. Abou Selah berichtet nämlich, dafs an dem zunächst der Stadt Hoch Maks (Haut Maks) gelegenen Dschebel Atschan, d. h., wie er ausdrücklich sagt, am Durstberge [2]) eine heifse und sehr wasserreiche Quelle entspringe, welche er mit der bekannten Therme von Tiberias in Palästina vergleicht, und die nach seiner Angabe an einer so steilen Stelle liegen soll, dafs man nicht bis zu ihr gelangen und sie nur von Weitem sehen kann. Bei der Armuth der älteren Literatur an Berichten über Nubien findet sich leider keine zweite No-

---

[1]) Mémoires géographiques et historiques sur l'Egypte. Paris 1811. II, 33.

[2]) Von dem arabischen Worte Atschan d. h. Durst.

tiz über diese Therme, wodurch deren Lage bestimmter festzustellen wäre. Aber selbst mit Hilfe der zahlreichen neueren Berichte dürfte dies bis jetzt schwerlich möglich sein, da der Name Maks oder Meks häufiger noch in der Gegenwart in Nubien vorkommt [1]) und weil, wenn man auch geneigt sein sollte, die Therme Abou Selahs an dem jetzt unter dem Namen Dschebel Atschan in Mittel Nubien und an dem Rande der grofsen Bahiudawüste gelegenen Gebirge zu suchen [2]), dieser Annahme die Angabe eines anderen arabischen Autors über Nubien, der selbst an der Gränze Nubiens geboren und durch die Kriege der Aegypter gegen die damals noch meist christlichen Bewohnern Nubiens mit der Geographie des Landes sichtlich sehr wohl bekannt war, die Angabe des Abdullah ben Solaim nämlich bestimmt entgegensteht, indem Solaim Hoch Maks nur in sieben Tagereisen von der ersten nubischen, der Gränze

---

[1]) So erwähnte schon Drovetti (Cailliaud Voyage à l'Oasis de Thèbes et dans le Désert. Paris 1821, 51) Maks als Name eines Orts in der ägyptischen Oase Chardscheh, ferner in neuerer Zeit Russegger einen zweiten Ort dieses Namens an der Südgränze Nubiens in der Landschaft Fassoglo (Reisen in Europa, Asien und Africa. Stuttgart 1842 — 1850. II, 2, 695). Muthmafslich kommt dies Wort sogar noch viel häufiger als Benennung nubischer Ortschaften vor und bezeichnet dann stets Sitze hervorragender Häuptlinge, indem es sicherlich nur eine contrahirte Form des altorientalischen Wort Melek (König) ist und dann als Titel von Häuptlingen fast in ganz Nubien, namentlich zu Dongola und Sennaar (Bruce travels to the sources of the Nile 1790. II, 472 und IV, 480 und 527) und am oberen weifsen Nil (Arnauld im Bull. de la Soc. de Géogr. de Fr. 2 Ser. XVIII, 381) im Gebrauch steht.

[2]) Diesen Dschebel Atschan Mittel Nubiens finden wir zuerst bei Bruce erwähnt, specieller dann bei Rüppell, der ganz übereinstimmend mit Abou Selah, muthmafslich aber, ohne die Stelle bei Quatremère zu kennen, den Namen gleichfalls durch Durstberg erklärte (Reise in Nubien. Frankfurt 1828. 128).

Aegyptens nächsten Cataracte versetzt [1]), wogegen der Dschebel Atschan der neueren Reisenden allerdings um Vieles weiter nach Süden entfernt liegt. Durch Abdallah ben Solaims Notiz über die Lage seines Hoch Maks wurden jedoch unzweifelhaft Cadalvene und Breuvery in neuerer Zeit zu der Ansicht bewogen, dafs die Therme Abou Selahs mit der von Ukmé in Unter Nubien identisch sein möchte. Dagegen dürfte jedoch sprechen, dafs die letzterwähnte Therme in Bezug auf ihre Temperatur und wahrscheinlich auch auf ihre Wasserfülle der Therme von Tiberias nicht gleich zu stehen scheint, welches beides nach des arabischen Autors Angaben über den Caracter seiner Therme grade bei dieser der Fall sein soll. Endlich wird Cadalvenes und Breuverys Annahme dadurch zweifelhaft, dafs kein einziger neuerer Reisender die Existenz eines Dschebel Atschan in Unter Nubien kennen gelernt hat, während der mittelnubische Gebirgszug gleiches Namens bei der Stabilität der Verhältnisse im Orient sicherlich seit vielen Jahrhunderten seinen Namen unverändert behalten hat. Selbst die geognostische Beschaffenheit des neueren Durstberges zeigt sich zu Gunsten der Vermuthung, dafs die Localität der Therme Abou Selahs nach Mittel Nubien gehört, in dem derselbe, so wie seine unmittelbare Fortsetzung im Gekdoul (oder Gekdoud) bestimmt plutonischer Natur ist, jener nämlich granitisch [2]), dieser porphyritisch [3]), und weil sogar Haidinger in Handstücken vom Gekdul einen entschieden vulcanischen Caracter erkannt haben will [4]), was mit Russeggers Beobachtungen an Ort und Stelle übereinstimmt, indem dieser Forscher den Gekdul gleichfalls wiederholt vulcanisch genannt hat [5]).

---

[1]) Quatremère Mémoires II, 9.

[2]) Reise in Nubien 128.

[3]) Ebendort 100.

[4]) Russegger Reisen in Europa, Asien, Africa. III, 288.

[5]) Ebendort II, 1, 568; II, 2, 576. Auffallend bleibt es dennoch,

Ebenso wenig ist das Auftreten von Thermen im eigentlichen Aegypten von Bedeutung, obwohl bei der höchst bedeutenden Verbreitung plutonischer Gesteinmassen in den Gebirgszügen zwischen dem Nil und dem rothen Meere und an der südlichsten Gränze des Landes bei Assuan, endlich bei dem zahlreichen Vorkommen von Basalt und Trachyt, — ja selbst von Lavamassen und Eruptionskegeln in der Nähe des rothen Meeres [1]) ein solches allerdings zu erwarten gewesen wäre. Die einzige, mit Bestimmtheit in Aegypten in neuerer Zeit bekannt wordene Therme ist nämlich nur eine durch Russegger im östlichen Theile des Landes unter etwa 24° 30′ aufgefundenen Schwefelquelle [2]), welche dadurch noch interessanter wird, dafs sie in der Nähe einer bei den Eingeborenen unter dem Namen des Dschebel el Kibrit bekannten schwefelreichen Localität zu Tage kommt [3]). Berücksichtigen wir aber, dafs an den

dafs ungeachtet des zahlreichen Durchzugs der Bahiudawüste durch Caravanen und ungeachtet der häufigeren Anwesenheit europäischer Reisenden in diesen Gegenden, z. B. von Poncet, Krump, Bruce, Rüppell, Combes und Tamisier und zuletzt von Russegger kein einziger von der Existenz einer Therme im mittelnubischen Dschebel Atschan Kunde erlangt hat. Schon die Wasserlosigkeit der Bahiuda müfste die Eingeborenen veranlafst haben, von dem Vorkommen einer reichen Quelle, selbst wenn es eine thermale war, wie von einem Gegenstande nicht gewöhnlicher Art den europäischen Forschern Nachricht zu geben.

[1]) Die vulc. Thät. 182—185.

[2]) A. a. O. II, 1, 360.

[3]) Cailliaud 12, 31, 63. Cailliaud fand hier Spuren eines von den Alten betriebenen Bergbaues auf Lager eines schönen, citrongelben, aber nicht krystallinischen Schwefels, der nur eine Viertelstunde vom rothen Meere und zugleich in 60 Stunden südlicher Entfernung von dem bekannten Hafenplatze Kossir an dem obengenannten Dschebel el Kibrit, d.h. wörtlich Schwefelberg (dem sogenannten gelben Berge auf Jacotins grofsen Generalcarte von Aegypten) auftritt. Die Schwefellager

Rändern des rothen Meeres in Aegypten mehrere Stellen

---

selbst sind horizontal, wechseln mit fasrigen Gypslagen, nehmen nach der Tiefe wahrscheinlich an Mächtigkeit zu und werden noch von Gyps umschlossen. Der letzte, theilweise Fasergyps, gehört dem hier in der ganzen Gegend verbreiteten Kalkstein an, welchen bekanntlich Ehrenberg nach seinem überreichen Gehalt an Kreidepolythalamien für wahren Kreidekalk erklärte, eine Bestimmung, die neuerlichst wiederum in den Angaben der beiden französischen Reisenden Ficari und Husson (Bull. de la Soc. de Géogr. de Fr. 1846. VI, 254), so wie in der Auffindung von Belemnites mucronatus, Terebratula carnea und anderer entschiedenen gröfseren Kreideversteinerungen im Kalkstein (Kowalewski in Ermans Archiv für die Kunde von Rufsland 1850. VIII, 160) gewichtige Stützen erhalten hat, während anderseits Lonsdales mikroskopische Untersuchungen zu dem Resultate führten (Capt. Newbold Journal of the Asiatic Society of Bengal 1842. XI, 1134), dafs die Polythalamien nur tertiäre seien. Die Bestätigung der einen oder der anderen dieser Ansichten über das Alter des Kalksteins am Dschebel el Kibrit vermag aber erst zu der Einsicht zu führen, ob diese Schwefelablagerung im Kalkstein mit den Schwefelvorkommnissen in der Kreide von Cardona und Czarkow bei Krakau oder den anderen tertiären in Süd Spanien, Sicilien und Szwoszowice bei Krakau zu parallelisiren ist. Die ganze Umgebung des Dschebel el Kibrit bietet übrigens nach Cailliauds Versicherung Spuren vulcanischer Einwirkung dar, deren Natur leider nicht genau angegeben wird. Doch bemerkt der Berichterstatter, dafs eigenthümliche, 10—20 Fufs mächtige Tuffmassen im Hangenden des Kalksteins auftreten, welchen er den Namen Puzzolane beilegt. Irrthümlich ist hierbei die Angabe Burkhardts, der freilich den Dschebel el Kibrit nicht selbst besuchte, dafs derselbe ganz aus Schwefel bestehe (Travels in Nubia. London 1819, 539), da Cailliaud, dem Burkhardt seiner eignen Angabe nach seine Nachrichten über dies Vorkommen verdankt, sich selbst weit beschränkter hierüber ausspricht. Der Schwefel des Dschebel el Kibrit ist übrigens noch in neuerer Zeit benutzt worden, und namentlich bedienten sich seiner die Mammelucken im Beginne des laufenden Jahrhunderis während ihrer Vertreibung nach Ober Aegypten, um sich damit ihr Schiefspulver darzustellen.

in neuerer Zeit durch Schwefel- und Erdölvorkommnisse [1]) einen Ruf erlangt haben und dafs die Entstehung dieser

---

[1]) Aufser dem eben erwähnten Schwefelvorkommen in Ober Aegypten hat man in neuerer Zeit ein zweites ähnliches in der Nähe des rothen Meeres, nur mehr im Norden und zwar am Cap Gimsche kennen gelernt. Rüppell gab zuerst davon Kunde (Reise in Nubien 182) und berichtete, dafs sich dort grofse unregelmäfsig vorkommende Klumpen dichten Schwefels im Gyps fänden und zwar in solcher Reichhaltigkeit, dafs nach den Spuren aller Bergbaue zu urtheilen, schon die alten Aegypter zu deren Gewinnung Veranlassung genommen hätten. Bis in die neuere Zeit blieb jedoch die Schwefelablagerung so wenig beachtet, dafs selbst die Bewohner der Umgegend, wandernde Araberstämme, nichts von ihrer Existenz wufsten, wie der vielerfahrene ägyptische Forscher Wilkinson (Topography of Thebes. London 1835, 364) ausdrücklich versichert. Mehemed Ali wandte auch diesem Vorkommen seine Aufmerksamkeit zu und liefs es durch den Engländer Burton untersuchen, welcher Proben von krystallinischem Schwefel nebst Knollen vegetabilischer Materie aus dem Nummulitenkalkstein dieser Gegenden an die geologische Gesellschaft in London sandte (Newboldt in London and Edinburgh Phil. Mag. 1843. XXII, 219 und im Quaterly Journal of the Geol. Soc. of London 1848. IV, 332). In neuester Zeit wurden die hiesigen Schwefelvorkommnisse weiter durch Lieut. Wellsted (Reise in Arabien, übers. durch Rödiger. Halle 1842; II, 106) und die schon erwähnten beiden französischen Reisenden in dieser Gegend Ficari und Husson (Bull. de la Soc. de Géogr. de France 1845. VI, 255 und 257) besucht. Erster versicherte, dafs Mehemed Ali grofse Mengen Schwefel von hier bezogen habe, letztere fanden dagegen nur kleine reine Stücken Schwefel im Gyps, welchen sie noch in einer ziemlich starken Schicht (banc) feuersteinreiche Kreide bedecken sahen. Leider ist über Burtons Untersuchung der Localität und Gegend nichts Genaueres bekannt worden. Bei der Unterstützung jedoch, die ohne Zweifel demselben durch die ägyptische Regierung zur Ausführung von Mehemeds Ali Auftrag zu Theil wurde, hätten seine Berichte muthmafslich die erschöpfendste Kunde über die hiesigen Schwefellagerstätten und ihre anderweitigen geo-

letzten unzweifelhaft mit der Bildung der dortigen Trachyte in innigster Verbindung gestanden hat, endlich dafs in

---

gnostischen Verhältnisse gewährt. In wie weit dies vielleicht durch des ausgezeichneten italiänischen Naturforschers Brocchi im Jahre 1842 — 44 zu Bassano erschienene Tagebücher über seine auf Mehemeds Alis Befehl ausgeführte mehrjährige Forschungen längs dem rothen Meere geschehen ist, vermag ich nicht anzugeben, da mir das Werk nicht zu Gebot steht. Leider konnte auch Russegger seine Untersuchungen nicht bis in diese Gegenden ausdehnen, doch stimmte er den Ansichten derjenigen seiner Vorgänger bei, welche in den hiesigen Kalksteinen Glieder der Kreideformationsgruppe sahen, und so wurde auch von ihm der Gyps von Gimsche in die Kreide versetzt. Bestimmt ist endlich in dem von dem Capitain und späteren Admiral Moresby in diesen Gegenden angeführten Schwefelberge (Capt. Newbold Quat. J. of the Geol. Soc. of London IV, 333) nur die Lagerstätte von Gimsche zu sehen. Jedenfalls verdienen die Vorkommnisse des hiesigen Schwefels genauere Untersuchungen, als ihnen bisher zu Theil geworden, da das Auftreten des Minerals sogar in dem an der Küste angeblich noch jetzt fortwährend entstehenden quaternairen Gyps (nach Ficari und Hussons Beobachtungen) auf einen ganz eigenthümlichen Bildungsprocefs hinweist, wovon wir bisher kein Beispiel auf Erden gekannt haben. — Ein drittes Schwefelvorkommen endlich in diesen Theilen Aegyptens war bereits lange bekannt, indem der französische Reisende Tourtechot, der unter dem Namen Granger seine Reise nach Aegypten um die Mitte des verflossenen Jahrhunderts beschrieb, berichtet, dafs er in der thebaischen Wüste (etwa im Westen unseres Gimsche) sublimirten Schwefel angetroffen habe, welcher den Boden und die Gerölle bedeckte (Relation d'un voyage fait en Egypte en l'année 1745 Paris 104). Weiteres erfahren wir jedoch durch Granger über dies Vorkommen nicht, und, da die thebaische Wüste bisher ungemein wenig besucht worden ist, und namentlich Wilkinson, der in neuerer Zeit dieselbe an den von Granger gesehenen Stellen durchreiste (Journal of the Geogr. Soc. of London 1832. II, 47 u. s. w.), und geognostische Erscheinungen nicht unbeachtet liefs, von der Grangerschen Schwefelablagerung nicht das Mindeste

kaum einem Theile der Erde Schwefelthermen fehlen mögen, wo Schwefelablagerungen und Erdölquellen Trachyt-

---

erwähn, so sind auch die Verhältnisse derselben noch völlig unbekannt. Berücksichtigen wir indessen, dafs derselbe Granger in der Wüste nordwestlich vom Vorgebirge Gimsche Gypsmassen am Giefsbache el Boumé angetroffen hatte (a. a. Orte 100), und dafs kalte Schwefelquellen häufiger in diesen Gegenden auftreten, endlich dafs prächtige Alabastermassen bis selbst in der Nähe des Nils nicht fehlen, wo dieselben unfern Benisuef neuerlichst wiederum am Berge Urakam durch den französischen Ingenieur Lefebvre aufgefunden wurden (Bull. de la Soc. Géol. de Fr. VIII, 262), im Alterthume aber bereits an einer anderen Stelle derselben Gegend, dem Mons Alabastrites, benutzt worden waren, so wird es in der That klar, dafs das gesellige und ausgedehnte Auftreten von vulcanischen und plutonischen Gesteinmassen, von Schwefel- und Gypsablagerungen, warmen und kalten Schwefelquellen, endlich auch von den gleich zu erwähnenden Erdölquellen abermals in innigem Zusammenhange stehende Productionen des grofsen vulcanischen Processes sind, der einst diese Gegenden und ihre Fortsetzungen nach Süden hin längs beiden Seiten des rothen Meeres, so wie zugleich nach Norden bis zum todten Meere in Palästina bewegte. Nächst den mannigfachen, in meinem Aufsatze über die vulcanische Thätigkeit auf dem Continent von Africa (siehe S. 130, 137, 140, 149) zusammengestellten Angaben der neueren Reisenden in diesen Gegenden über die grofsartige vorweltliche vulcanische Thätigkeit, wovon sie hier überall die deutlichsten Spuren vorfinden, will ich nur noch das ganz hierher gehörende Zeugnifs eines der thätigsten und umsichtgstén geognostischen Forschers unserer Zeit, des Capt. Newbold, anführen, welcher ausdrücklich angibt, dafs er vulcanische Spuren von der Localität der Schwefel- und Erdölvorkomnnisse zunächst dem C. Gimsche an längs dem rothen Meere und über die Strafse von Bab el Mandeb hinaus bis Adén an der Südseite der arabischen Halbinsel verfolgt habe (Journal of the Asiatic Soc. of Bengal 1842. XI, 1134). Gleicherweise stand Newbold nicht an, die Schwefelthermen, den Schwefel und das Petroleum dieser Gegend für bestimmt vulcanische Producte zu erklären (Quaterly Journal of the Geol.

massen begleiten, so dürfte allerdings künftigen Erforschern des östlichen Aegypten die Aussicht zur Auffindung ande-

---

Soc. of London 1848. IV, 339). Nördlich von hier weist endlich die alcalisch schweflige Therme am Ras Hammam (dem sogenannten Vorgebirge der warmen Bäder; Russegger III, 24), dieselbe mit der in neuerer Zeit viel genannten Pharaostherme (Hammam Faraûn bei Pococke und Niebuhr) auf der Ostseite des Golfs von Suez, ferner der schon von Agatharchides (Photii Bibliotheca historica. Ed. Bekker. Berol. 1824, 456) auf der Westseite desselben Golfs zwischen Arsinoë (Suez) und dem südlicheren Myos Hormos (Kossir) gekannte und nach ihm von Strabo (Ed. Casaub. II, 769) beschriebene, merkwürdiger Weise aber von keinem einzigen neueren Reisenden, mit Ausnahme des gelehrten Jesuiten P. Sicard (Lettres édifiantes et curieuses, écrites des missions étrangères. Nouv. Ed. Lyon. 1819. III, 338) beachtete Strom warmen Salzwassers, endlich eine von dem Irländer Costigan am todten Meere wahrgenommene heifse Schwefelquelle (Ritters Erdkunde. Asien. XV, 701) gleichzeitig mit den durch Seetzen auf der Ostseite des todten Meeres und zwar auf der Halbinsel Kerek angetroffenen, von den benachbarten Bergen herabgeschwemmten Stücken gelben Schwefels (Ritter a. a. O. XV, 697), so wie mit den durch eben denselben Reisenden an der Nordwestseite des todten Meeres in der Nähe Jerichos wahrgenommenen blafsgelben Schwefelnieren in den bereits Aboulfeda bekannt gewesenen sogenannten Schwefelbergen (Ritter Erdkunde. Asien XV, 547, 697) entschieden auf die Fortsetzung des vulcanischen Processes bis Palästina hin. Diese Ansicht fände sogar eine noch weit festere Begründung, wenn Irby und Mangles Angabe über das Vorkommen von vulcanischen Gesteinen und selbst von hellrothen Laven bei Petra, also im Süden des todten Meeres (Ritter XIV, 2, 1045, 1046) nebst anderen ähnlichen von Burkhardt und Wellsted (Reise II, 57) durch spätere geognostische Forscher bestätigt würden. Dafs zugleich in der in Rede stehenden nördlichen Fortsetzung des schwefelreichen Zuges Gypse nicht fehlen und, noch ferner, wie bei den Dschebel el Kibrits, zu den getreuesten Begleitern des Schwefels gehören, erweisen Seetzens Beobachtungen an der Nordwestseite des todten Meeres, wo die aus

rer, bisher unbekannt gewesener Thermen nicht verschlossen sen [1]).

Viel reicher aber an Thermen, als das eigentliche Aegypten ist der lange, jetzt wiederum zu diesem Lande in politischer Hinsicht gehörende Oasenzug im Westen des Nils und zugleich am Ostrande der grofsen nordafricanischen Wüste. So besitzt schon der nördlichste Punkt des Zuges, die sogenannte kleine Oase (Oasis parva der Römer; die Ouah el Baheryeh der jetzigen Eingeborenen) eine Anzahl warmer und anderer Mineralquellen von sehr ausgezeichneter und zum Theil noch nicht genügend gekannter Beschaffenheit, obwohl wir deren Vorkommen bereits bei Aboulféda erwähnt finden. In neuerer Zeit war

geschwärzten Thonmergeln bestehende Hauptmasse der erwähnten Schwefelhügel dünne Lagen schiefrigen Gypses einschliefst und die Schwefelnieren häufig Gypskrusten darbieten (Ritter XV, 2, 547). Unzweifelhaft erhielt danach auch die durch Ptolemaeus lib. V. c. 7. bekannt wordene und zunächst am Westrande des todten Meeres gelegene Localität Gypsaria (das jetzige Wadi Gharandel) von den im Nummulitenkalk eingelagerten Gypsmassen im Alterthume schon ihren Namen. In wie weit endlich die durch die öffentlichen Blätter im Laufe dieses Jahres (1850) verbreitete Nachricht von der Auffindung ungemein reicher Schwefellagerstätten zunächst dem rothen Meere in Aegypten gegründet oder nur aus einer Unkenntnifs der längst bekannten hervorgegangen ist, müssen spätere Forschungen ergeben.

[1]) Der erste Berichterstatter, der meines Wissens die Erdölquelen dieser Gegenden erwähnt, war im Beginne des verflossenen Jahrhunderts wiederum der verdienstvolle Sicard (III, 295) der sie zwar nicht selbst sah, doch bis ganz in ihre Nähe gelangte und von Einheimischen die Existenz mehrerer Erdölquellen erfuhr. Später erwähnte sie Granger (103). Beide älteren Autoren leiteten richtig den Namen Dschebel el Zeit des zunächst dem Vorgebirge Gimsche gelegenen Berges, an dessen Fufs das Erdöl zu Tage kommt, von dem arabischen Worte Zayt d. h. jedes Oel ab, so dafs Dschebel el Zeit oder Ezzeit

es der Ingenieur Martin, ein Theilnehmer an Bonapartes

---

wörtlich Oelberg bedeutet. Bald nach Granger führte auch d'Anville in seinem Werke über Aegypten (Mémoires sur l'Egypte ancienne et moderne. Paris 1766, 229) den Dschebel el Zeit auf, erklärte den Namen, wie seine Vorgänger und fügt hinzu, dafs eine von ihm gesehene türkische Carte am Fufse des Berges Erdöl unter dem Namen Nafi ausfliefsen lasse. Im Laufe dieses Jahrhunderts erfuhr endlich der schon genannte, ausgezeichnete englische Reisende Brown (Travels 191), dafs ein Fels an der africanischen Seite des Golfs Erdöl liefere, welches nach dem benachbarten Suez gebracht werde. Der erste Europäer aber, der den Dschebel el Zeit selbst sah und ihn aus dunkelgrauem Kalk bestehend fand, war Rüppell (Reise in Nubien 182). Unzweifelhaft ist dieser Kalk derselbe, worin auch die nördlichen Schwefelablagerungen des benachbarten Cap Gimsche auftreten und dessen ununterbrochene Verbreitung von Ober Aegypten durch Palästina und Syrien bis zum Libanon wir bereits kennen. Nach Lepsius neuesten, aus eigener Kenntnifs der Localität geschöpften Mittheilungen Bull. de la Soc. de Géogr. de Fr. 1847. VII, 348 und Ritters Erdkunde. Asien XIV, 472 aus Lepsius Tagebüchern) quillt das Erdöl braunschwarz und syrupartig, dicklich aus mehreren flachen Gruben im Ufersande hervor. Die Oberfläche der Flüssigkeit hat gleiches Niveau mit dem benachbarten Meeresspiegel. Dieses Verhältnifs, so wie der aus den Berichten der Reisenden abzunehmende Mangel vorhandener fester Asphaltablagerungen rund um die Erdölbrunnen erweist, dafs die hiesige Erdölproduction keinesweges sehr reichlich sein kann, wie es schon Wilkinson behauptet hatte (Topogr. 364). Dies findet sich auch mit Cadalvene und Breuverys Angabe (a. a. O. II, 472) im Einklange, dafs Mehemed Ali wiederholt, aber umsonst, versucht habe, den Ertrag der Brunnen durch eine geregelte Ausbeute zu steigern, vollkommen bestätigt. Dennoch liefern sie so viel, dafs die Araber fortwährend von hier Erdöl nach Alexandria zum Verkauf bringen können. Gleiches geschieht nach der kleinen Insel Tyrân im Golf von Ayla zur Schiffscalfaterung und gewährt den Arabern wenigstens einen kümmerlichen Nahrungszweig (Burkhardt Tra-

Expedition nach Aegypten, der von ihrer Existenz durch

vels in Syria 1826, 771; Schubert Reisen im Morgenlande. Erlangen 1840. II, 290). Dafs nämlich Tyrân selbst, wie Wellsted angibt (II, 133), Naphtha oder Asphalt zum Calfatern producire, ist nach einer durch Herrn Prof. Ehrenberg mir gewordenen Mittheilung unrichtig. Ebenso unrichtig ist ohne Zweifel bei den angeführten höchst bestimmten, aus eigener Anschauung und den zuverlässigsten Mittheilungen gewonnenen Angaben der Berichterstatter (auch Marschal Marmont in s. Werke Voyage en Transylvanie et en Egypte Paris 1837 IV, 163 erwähnt das Erdölvorkommen am Dschebel El Zeit) die Behauptung zweier neueren naturwissenschaftlichen Reisenden in diesen Gegenden Fcari und Husson (Bull. de la Soc. de Géogr. de Fr. 1846. VI, 26), dafs nämlich das Erdöl in der hiesigen Localität nicht selbst entspringe, sondern von weitem herkomme, weil sie dasselbe sogar noch in 10—12 Stunden Entfernung von hier und selbst noch am vulcanischen Dschebel Teyr (siehe: Die vulcan. Thät. 131) auf der Meeresfläche schwimmend bemerkt haben wollen. Doch setzen die beiden Reisenden hinzu, dafs an der ganzen Küste ein Erdölgeruch sich deutlich kund gebe. Bemerkenswerth ist endlich die grofse Analogie, welche zwischen den hiesigen geognostischen Verhältnissen rund um die Nordspitze des todten Meeres und denen in der Nähe des mexicanischen Meerbusens zunächst am Golf von Cariaco in Süd America stattfindet, indem Al. v. Humboldt (Reise in die Aequatorialgegenden. I, 449, 482, 522) in letzter Localität gleichfalls Erdöl- und auch zahllose warme Schwefelquellen antraf und erfuhr, dafs bei dem grofsen Erdbeben von 1766 daselbst ein zäher, in Bergöl gehüllter Asphalt aus der Erdtiefe an die Oberfläche ausgeworfen worden sei. Nicht minder erweist Boussingaults Untersuchung der aus den heifsen Quellen des südamericanischen Trachytgebiets entweichenden Gase, wobei sich dieselben als Kohlensäure- und Schwefelwasserstoffgasgemenge ergaben (Annales de Chemie et Physique 1833. LII, 12 20, 22), dafs auch noch an anderen Punkten des neuen Continents, besonders aber solchen, wo sich zugleich Trachytmassen abgelagert finden, ein ebensolches Emaniren von kohligen und schwefligen Substanzen aus dem Inneren der Erde, wie hier und in Angola nicht fehle. Ob es übrigens noch mehrere andere Punkte in Aegypten gibt, wo Erdölquellen zu Tage

seine Erkundigungen in der der kleinen Oase nächsten ägyptischen Gränzprovinz Fayoume Nachricht erhielt [1]). Eine Kenntnifs der in dieser Oase überhaupt in Ueberflufs vorkommenden Thermen aus eigener Anschauung erwarb aber erst der um die Kunde des nördlichen Ost Africas so hoch verdiente französische Reisende Cailliaud. Nach ihm entspringt eine der Thermen an der el Maroun genannten und $\frac{5}{4}$ Stunden nordwestlich von dem Hauptorte Zabou der Oase gelegenen Localität in einem Becken mit 31°,2 C. Temperatur bei 22° Luftwärme und eine andere in Zabou mit 24°,8 C. bei 11° Temperatur der Atmosphäre in einem Becken von 20 M. Peripherie [2]). Zahlreiche warme eisenhaltige Quellen findet man ferner $\frac{1}{4}$ Stunde

kommen, ist mir unbekannt, da sich meines Wissens keine hierher gehörende Notiz bei einem neueren Autor findet, aufser der von Ficari und Husson gelieferten (a. a. O. 265), wonach es nördlich von hier bis Dschebel Tor noch 5 Erdölstellen gibt. Schwerlich ist deshalb die Angabe eines neueren Autors, dafs man in Aegypten viel Orte sehe, wo Judenpech vorkomme, richtig, wenn auch hinzugesetzt wird, dafs dies mit der Angabe eines arabischen Schriftstellers Schianga in seinem Werke: Von den merkwürdigen Dingen in Aegypten übereinstimme.

[1]) Géographie d'Aboulféda traduite par Reinaud. Paris 1848. II, 1, 144, wo nach Yacouts Werk Moschtarek die Existenz der einen heifsen Quelle in der ersten Oase oder, wie sie bei Aboulfeda heifst, der Ouah aloula, erwähnt wird. Da in neuerer Zeit (1846) dasselbe Werk Yacouts durch Wüstenfeld in Göttingen im Original herausgegeben worden ist, so findet sich ohne Zweifel auch die durch Aboulfeda entlehnte Stelle darin. — Martin in der Description de l'Egypte. Etat moderne II, 2, 221.

[2]) Voyage à Meroë et au fleuve blanc. Paris 1826. I, 156, 163. Die erste Therme ist schwach, aber angenehm beim Baden, wozu sie von den Einwohnern benutzt wird. An ihr haftet das sonderbare Vorurtheil, dafs wenn ein Kranker sieben auf einander folgende Bäder in ihr aushält, er unfehlbar auch gesund wird. In dem Becken traf Cailliaud Ampullarien in zahlreicher Menge lebend an.

von Zabou an dem südlich davon gelegenen Orte Mendych. Eine der letzten, die sehr wasserreich ist, führt so viel Eisen, dafs sie sich bei ihrem Heraustreten an die Atmosphäre durch Zersetzung und höhere Oxydation sofort roth und gelb färbt [1]). Es ist dies eine Eigenschaft, die in Africa meines Wissens allein bei der Therme von Caledon nach Kraufs Bericht sich findet. Diese Stahltherme ist aber, nach dem schon S. 99 Erwähnten ein abermaliges Beispiel des Auftretens von Stahlthermen im Continent auch aufserhalb den Gränzen des Caplandes. Die Temperatur der wasserreichsten unter den hiesigen Thermen gibt Cailliaud zu 27°,6 C. bei 18° Luftwärme an und nennt ihren Geschmack ungeachtet des bedeutenden Mineralgehalts gut. Leichte Haufen vegetabilischer Materie fand der Berichterstatter auf der Oberfläche schwimmen, eine Erscheinung, die bemerkenswerth ist, da Barègine sich gewöhnlich nur in Schwefelthermen zu bilden pflegt [2]). Aufserdem gibt es in der kleinen Oase noch mehrere andere und sogar sehr starke Thermen, die schwefelhaltig sind, in dem sogenannten Kastelldorfe (Medinat el Quasr) und dem Dorfe el Baoucyt, die nach den zahlreich noch vorhandenen und bedeutenden unterirdischen Canälen und den grofsen, theilweise natürlichen Reservoiren eine ausgedehnte Benutzung im Alterthume fanden. Die gröfste dieser Schwefelthermen findet sich dicht bei El Baoueyt selbst [3]); ihre Temperatur bestimmte Cailliaud in einem der Leitungs-

[1]) Cailliaud I, 164.

[2]) Cailliaud I, 165.

[3]) In den Schwefelthermen der Pyrenäen und besonders Italiens entstehen durch den Einflufs der Atmosphäre dergleichen organische Substanzen ungemein häufig (Fonton in den Comptes rendus XII, 940). Sie fehlen sogar nicht in den Niederschlägen der heifsen Dünste aus der Solfatara.

[4]) Cailliaud I, 178. Wilkinson nennt den Ort el Bowitti.

canäle zu 30° bei 17°,2 Lufttemperatur, wogegen Wilkinson die Wärme der einen Quelle im Kastelldorf zu 33°,7 und die einer zweiten zu etwa 34° angibt. Auffallender Weise spricht dagegen kein einziger neuerer Reisender von der an Belzoni [1]) berichteten angeblichen Eigenschaft einer der Thermen bei Zabou, durch welche nämlich eingetauchte Wolle in 24 Stunden so gut schwarz gefärbt werden soll, als es nur irgend durch den Färber geschehen könne. In Folge dieser Eigenthümlichkeit der Therme wäre es, wie Belzoni hinzusetzt, Sitte in der Oase geworden, dafs die Bewohner derselben insgesammt mit Ausnahme der Sheikhs, welche weifs gekleidet gingen, schwarze Kleidung trügen. Beruht diese Mittheilung nicht auf einem Mifsverständnifs [2]), wie jedoch wahrscheinlich, so läfst sich die färbende Kraft der Therme schwerlich anders, als durch die Annahme erklären, dafs die Therme durch ihren grofsen Eisenreichthum im Stande sei, gradezu solche Wollenzeuge schwarz zu färben, die man vorher in Auflösungen von Gerbsäure gekocht und mit dieser Säure stark imprägnirt hatte. In neuerer Zeit besuchte

---

[1]) Narrative of the operations and recent discoveries in Egypt and Nubia. London 1820, 410.

[2]) Sie erscheint fast nicht weniger apocryph, als eine andere Sage des Alterthums, welche Strabo (Ed. Casaub. II, 449) erwähnt, wonach nämlich bei Schafen in Euböa die Wolle sich schon durch den Genufs des Wassers aus dem Neleusflusse schwarz färben soll. Es ist sehr zu bedauern, dafs der Bericht des verdienstvollen und für die Wissenschaften viel zu früh verstorbenen französischen Reisenden Pacho, der fünf Monate fortdauernd in den Oasen untersuchend verweilte und ein Werk darüber herauszugeben beabsichtigte (Relation d'un voyage dans la Marmarique, la Cyrénaique et les Oasis d'Audjelah et de Maradèh. Paris 1827. I, III, und VIII) nicht zur Publication gelangt ist, da dieser Gegenstand und muthmafslich mancher andere, die Oasen betreffende, dadurch seine Erledigunggefunden hätte.

noch Hoskins [1]) die kleine Oase, aber weder er, noch Wilkinson scheinen von dem eben erwähnten Quellenphänomen erfahren zu haben, da sie wenigstens nichts darüber berichten. Selbst die schwarze Tracht der Bewohner scheint ihnen nicht als etwas Bemerkenswerthes aufgefallen zu sein. Eine zweite nicht weniger apocryphe Sage fanden die Reisenden, namentlich Cailliaud [2]), Wilkinson und Hoskins, von einer der Thermen unserer Oase in Bezug auf einen periodischen Wechsel ihrer Temperatur verbreitet, indem, gleich wie die Schriftsteller des Alterthums bei der berühmten Sonnenquelle in der Jupiter Ammonsoase von auffallenden Temperaturwechseln bei Nacht und Tage berichteten, auch heute noch die Eingeborenen der kleinen Oase die Ueberzeugung haben, dafs eine ihrer Thermen die Temperatur auf ähnliche Weise verändert. Wilkinsons und Cailliauds bestimmte Beobachtungen erwiesen jedoch das Irrige dieser Meinung, indem Wilkinson [3]) das Thermalwasser von Zabou (Zubbo bei ihm) in dem nur 5 – 6 Fufs tiefen und 30 Fufs weiten Teiche desselben des Morgens bei $8\frac{1}{2}^{0}$ R. Luftwärme mit einer Temperatur von $18\frac{1}{2}^{0}$, folglich für das körperliche Gefühl sehr warm fand, während um Mittag, wo die Lufttemperatur bis auf 21^{0} gestiegen war, die Wasserwärme aber nur 15^{0} betrug, die in das Wasser getauchte Hand Kälte empfand. Des Abends endlich erschien der Hand das Wasser abermals warm. Die Quelle hatte noch $20\frac{1}{4}^{0}$, die Luft aber nur noch $12\frac{1}{2}^{0}$, die Temperatur jener war also bereits um $7\frac{3}{4}^{0}$ R. höher, als die der Therme. Um Mitternacht endlich, wo die Differenz in der Temperatur der Luft und der Therme zuweilen bis 20^{0} C. steigt [4]),

---

[1]) Visit to the Great Oasis. London 1837, 228.

[2]) A. a. O. I, 180.

[3]) Topography 357.

[4]) Voyage àMeroë I, 220.

wird die Empfindung für die Wärme des Thermalwassers für eine eingetauchte Hand noch viel bedeutender, und es erklärt sich dadurch sehr gut, wie sowohl im Alterthume, wo man noch keine Wärmemesser kannte, als auch bei der jetzigen Oasenbevölkerung, die von Instrumenten der Art noch keinen Begriff hat, Irrthümer der angegebenen Art mit Leichtigkeit entstehen und sich behaupten konnten. Auch Cailleaud folgerte aus seinen thermometrischen Beobachtungen die völlige Beständigkeit der Temperatur bei den Oasenthermen, und er versicherte, dafs sich nur dann geringe Differenzen ergeben, wenn das Thermalwasser in sehr weiten und wenig tiefen Reservoiren gesammelt wird, und dafs überhaupt alle Ansichten alter und neuer Zeit über den periodischen Temperaturwechsel der hiesigen Thermen auf völligen Irrthümern beruhen. Wilkinson meinte übrigens, dafs das Wasser der hiesigen Thermen, wenn es in grofsen Gefäfsen zum Gebrauch abgekühlt worden, vollkommen gesund sei, doch fänden es Fremde im Sommer unangenehm. Die Quellen der ganzen Oase scheinen übrigens aus dem in diesen Theilen des Continents sehr verbreiteten und strichweise von Kalk bedeckten Sandstein hervorzukommen und einer Eruption ihren Weg aus der Tiefe an die Oberfläche der Erde zu verdanken, da Cailliaud die höchsten Stellen einer von Sandstein gebildeten Gebirgskette dieser Oase durch eine 7—8 Meter dicke, aus vulcanischem Gestein bestehende Gesteinslage bedeckt fand [1]). Cailliaud selbst verkannte nicht die Bedeutung einer solchen Erscheinung für die geognostischen Bildungsverhältnisse der Gegend, indem er bereits den leider noch immer nicht realisirten Wunsch aussprach, dafs dies interessante Vorkommen durch einen Geognosten genauer erforscht werden möge.

---

[1]) Ebendort I, 189.

Südlich der kleinen Oase fand ferner derselbe Berichterstatter an der zuerst von ihm betretenen Localität El Hayz eine ihres ungemeinen Wasserreichthums wegen bemerkenswerthe warme Quelle, deren Wärme 29° C. bei 18°,9 C. [1]) Lufttemperatur betrug, über deren Mineralcaracter er aber nichts Specielles mittheilte. — In der noch südlicher gelegenen Oase Dakhel (El Dakhel) traf Cailliaud nochmals eine warme Schwefelquelle von 38°,5 C. bei 21°,9 Lufttemperatur und solchem Wasserüberflufs, dafs sie von den Bewohnern in zwei Bassins zum Baden und zur Bewässerung, abgekühlt aber auch zu anderen häuslichen Zwecken dient. Auch hier wiederholt sich die Sage, dafs die nächtliche Wärme der Therme gröfser, als die am Tage sei; aber auch hier wurde durch des Reisenden thermometrische Beobachtungen das Irrige derselben dargethan [2]).

Noch andere Thermen erscheinen 3 Tagereisen südlich Dakhel in der sogenannten grofsen Oase (Oasis magna der Römer) oder der Wad el Kargeh (Chardscheh) der jetzigen Bewohner. Sie wurden hier durch Cailliaud aufgefunden und bald darauf auch durch Drovetti [3]) und

---

[1]) Ebendort I, 195, wo die Peripherie gar zu 8 Meter angegeben wird. Die Localität führt bei Pacho den Namen el Hez, wobei jedoch zu bemerken ist, dafs dessen Charte überhaupt nur eine Quelle und nicht mit der bestimmten Angabe, dafs es eine thermale sei, anführt.

[2]) Cailliaud I, 220; Hoskins 242. Edmonstone, welche die Oase zuerst vor den 20ger Jahren dieses Jahrhunderts besuchte und auch zuerst von ihr Kunde gab, fand hier eine sehr reichliche und angeblich stark mit Eisen und Schwefel geschwängerte Quelle von solcher Hitze, dafs ihr Wasser nicht eher gebraucht werden konnte, bis es in irdenen Krügen abgekühlt wurde (A Journey of two of the Oases of Upper Egypt. London 1822; im Auszuge in Maltebrun Nouvelles annales des voyages 1824. XXI, 40).

[3]) Cailliaud Voyage à l'Oasis de Thèbes. 87.

Sir Henniker [1]) besucht. Eine derselben, die Schwefeltherme von Beyris bricht sogar mit solcher Gewalt hervor, dafs sie ganz, wie von der Stahltherme am Koëga Rivier des Caplands erwähnt wurde, jeden, der es versucht, bis auf ihren Grund zu kommen, mit Gewalt in die Höhe wirft. Eine zweite dortige Schwefeltherme mit noch unbekannter Temperatur trafen gleichfalls Drovetti und Edmonstone an dem Orte Genâh [2]).

In den noch südlicheren Oasen dieses libyschen oder ägyptischen Oasenzuges z. B. der von Selimeh hat man bisher keine Thermen kennen gelernt, obgleich sie höchst wahrscheinlich dort auch nicht fehlen und den Thermenzug muthmafslich einerseits nach Kordofan bis zur Therme am Koldadschi, anderseits bis Dar Fur im Süden oder bis zu den schon erwähnten Thermen von Rotoke und am Dschebel Mara fortsetzen. Leider ist bei den zerrütteten Verhältnissen der ägyptischen Herrschaft und besonders seitdem Mehemed Alis strenges Regiment in diesen Gegenden das Eindringen europäischer wissenschaftlicher Reisenden in das Innere des Continents nicht mehr begünstigt [3]), an eine Erforschung dieser Verhältnisse vor der Hand nicht zu denken. Doch spricht der schon von Poncet [4]) und fast gleichzeitig von dem deutschen Franciscaner Mönch Krump [5]) berichtete Alaunreichthum der klei-

[1]) Notes during a visit to Egypt. London 1823, 184.

[2]) Thèbes 103; Maltebrun XXI, 57.

[3]) Freilich war diese Sicherheit des Reisens schon in den letzten Lebensjahren Mehemed Alis, wo Altersschwäche und anderweitige politische Verwickelungen seine Aufmerksamkeit auf die innern Verhältnisse seiner Länder sehr verminderten, nicht mehr wie früher vorhanden (Bayle St. John Adventures in the Libyan Desert and the Oasis of Jupiter Ammon. London 1840, 19). Auch Dr. Barth machte in dieser Hinsicht bittere Erfahrungen.

[4]) Lettres édifiantes et curieuses. Lyon 1819. II, 241.

[5]) Gumprecht in den Monatsberichten der Berliner geogra-

nen zwischen der Chardscheh- und Solimahoase auf dem Wege der Caravanen nach Dar Fur gelegenen Oase Sheb [1]) mit ziemlicher Wahrscheinlichkeit dafür, dafs hier schwefelhaltige Thermen nicht fehlen und zur Bildung der Alaunablagerung wesentlich beigetragen haben, indem die alaunhaltigen Thone der Chardschehoase, woraus bereits die Araber des Mittelalters grofse Quantitäten von Alaun gewannen [2]) und welche wiederum in neuester Zeit durch den ehemaligen französischen Pharmaceuten und jetzigen ägyptischen Gouverneur Aimé durch einen einfachen Auslaugungsprocefs zur Darstellung eines vortrefflichen Alauns benutzt worden sind [3]), ihre Beschaffenheit unzweifelhaft wesentlich Schwefelthermen verdanken. Dies ist ebenfalls Aimés auf langjährige Erfahrung gegründete Ansicht. Ist dieselbe richtig, so mufs es auch in der thebaischen Wüste, wo wir bereits nach Granger die Existenz von Schwefel erwähnten, und noch in einer zweiten alaunhaltigen Oase Sheb, die P. Krump auf seiner Rückreise aus Nubien mehrere Tagereisen westlich von der gleichnamigen ersten auffand [4]), einst Schwefelthermen gegeben haben.

---

phischen Gesellschaft Neue Folge 1850. VII, 69 und in der Schrift: Die vulc. Thät. 194.

[1]) Wie bereits in der eben erwähnten Schrift berichtet war, erhielt die Oase Sheb ihren Namen von der Fülle des in ihr vorkommenden Alauns. Es ist muthmafslich derselbe, dessen Vorkommen P. Sicards Erkundigungen im Beginne des vorigen Jahrhunderts nach einem Berge versetzten, welcher 3 Tagereisen südlich Ibrim in Unter Nubien liegen soll (Lettres édifiantes III, 238). Schon damals wurde der Alaun von Sheb nach Ober Aegypten exportirt.

[2]) Murach Mahomeds in seiner Schrift: Blüthengerüche in den Merkwürdigkeiten der Länder. Arab. Manusc. Seetzen in von Zachs monatlichen Correspondenzen XX, 237.

[3]) Russeggers Reisen II, 153, 342.

[4]) Gumprecht in den Monatsberichten der Berliner geographischen Gesellschaft N. F. VII, 86.

Wirklich finden wir in des genannten französischen Reisenden Bericht angegeben, dafs derselbe dort federalaunähnliche Salze gefunden habe [1]), die zwar etwas salziger und fester, als der gewöhnliche Alaun waren, unzweifelhaft aber mit diesem identisch gewesen sein mögen, indem sie auf dieselbe Weise, wie der unbestrittene Alaun der Sheboase von den Landesbewohnern zur Hemmung von Entzündungen benutzt wird. Uebrigens soll sich nach Grangers Bericht dieser Alaun der thebaischen Wüste angeblich aus einer weifslichen, milchigen, etwas alaunartigen Flüssigkeit bilden, welche von ihm in den Felsschluchten jener Gegenden angetroffen wurde.

Auch in dem nördlichen Oasenzuge, der zwischen der Siwahoase im Osten und der Oase von Ghadames im Westen liegt, dürfte es schwerlich an zahlreichen Thermen fehlen, wenn nämlich die Angaben Hornemanns, Lyons und Oudneys über die ungeheure Verbreitung der Basaltmassen von der Oase Audschila an bis zur Westgränze von Fezzan und ferner im Norden Fezzans sich späteren geognostischen Forschern auch nur zum Theil bestätigen. Dies scheint allerdings nicht in dem bisher allgemein angenommenen Umfange der Fall zu sein, indem der neueste Reisende in diesen Theilen des continentalen Africa, Dr. Overweg, meine früher ausgesprochene Vermuthung [2]), dafs ein grofser Theil der von den älteren Berichterstattern für Basalt angesprochenen Gesteinmassen Nord Africas nur auf der Oberfläche geschwärzte Sandsteine sein möchte, in seinen Berichten an die geographische Gesellschaft zu Berlin bereits vollkommen bestätigt [3]). Die ganze Existenz von Basalt und wahren plutonischen oder vulcani-

---

[1]) S. 101.

[2]) Die vulc. Thät. 198, 207, 208. Lichtenstein R. II, 299.

[3]) Monatsberichte der Berliner geographischen Gesellschaft N. F. VIII, 110, 122—123.

schen Gesteinmassen ist jedoch nicht wegzuläugnen, nachdem König und Buckland in den durch Denham und Lyon mitgebrachten Handstücken aus dem Norden von Fezzan wahre Basalte und Mandelsteine erkannt haben. Dies Resultat findet selbst in den neuesten Mittheilungen Overwegs seine weitere Bestätigung, indem derselbe allerdings an verschiedenen Punkten und namentlich noch zuletzt im Ghariangebirge bei Mizda Basalt, und unfern von Mizda vulcanisches Gestein am Tekutberge angetroffen hat [1]).

In der östlichen Oase, der von Siwah, werden zwar durch die neueren Reisenden keine Thermen mit Bestimmtheit erwähnt, obwohl schon Abulfeda [2]) dergleichen mit Bestimmtheit angeführt hatte, doch erfuhr bereits der schon erwähnte Martin im Fayoum [3]), dafs daselbst allerdings eine heifse Quelle sei, die medicinischen Nutzen habe und zu Bädern diene. Auch Brown nannte die meisten Quellen der Oase lau [4]). Cailliaud spricht dagegen nur von dem ehemaligen Vorkommen von Thermalquellen in der Oase [5]), die vermuthlich, wie es einige kalte noch sind, Schwefelwasser waren, da unzweifelhaft mit dem Auftreten dieser Mineralquellen die Entstehung der Schwefelablagerungen in der Oase in innigster Verknüpfung gestanden hat. Noch kennt man nicht den Reichthum und die geognostischen Verhält-

---

[1]) Ebendort VIII, 107. Welcher Natur übrigens die unermefslich vielen schwarzen, von Bayle St. John (166—167) an verschiedenen Stellen der Wüste bei Garah (Oase Umsoghir zwischen Siwah und Alexandria) angetroffenen Gesteinsstücken sind, welche den Boden bedecken und ganz den Caracter vulcanischer Gesteine haben, läfst sich noch nicht enträthseln.

[2]) Uebers. von Reinaud II, 1, 181; sie führt bei ihm den Namen der Santariehoase.

[3]) Description de l'Egypte. Etat moderne. II, 221.

[4]) S. 25.

[5]) I, 86.

nisse dieser Schwefelvorkommnisse, da ihre technische Benutzung selbst durch Mehemed Ali vernachlässigt wurde und vor der egyptischen Occupation der Siwahoase auch keine ordentliche Gewinnung des Schwefels stattfand, indem die Einwohner durch den Vortheil, der Einzelnen daraus hätte erwachsen können, Zwist und blutige Fehden unter sich zu erregen befürchteten [1]). Dafs aber alle diese geognostischen Verhältnisse sich im Zusammenhange befinden und Productionen vulcanischer Processe sind, scheint selbst aus dem häufigen Eintreten von Erdbeben hervorzugehen, durch welche die Bewohner der Oase häufiger erschreckt und Gebäude umgestürzt werden [2]). — Von den noch in der Siwahoase vorhandenen Quellen hatte im Alterthume die sogenannte Sonnenquelle wegen ihrer scheinbaren periodischen Temperaturveränderungen eine sehr grofse Reputation. Eine ganze Reihe der namhaftesten griechischen und römischen Schriftsteller von Herodotus [3]) bis zum heil. Augustinus [4]) herab, darunter namentlich Aristoteles [5]), Diodorus [6]), Arhianus [7]), Mela [8]), Ovidius [9]), Lucretius [10]), Plinius [11]) und Curtius [12]) be-

---

[1]) Dies erklärt eine andere sonst auffallende Angabe Cailliauds, dafs die Bewohner der Oase ihren Schwefelbedarf aus Fezzan beziehen. Voyage à l'Oasis de Syouah par Jomard. Paris 1823, 12.

[2]) Cailliaud I, 86; Bayle St. John 155.

[3]) IV, 181.

[4]) De civitate Dei lib. XXI. c. 5.

[5]) In Antigonus Carist. Mirabilia. Ed. Beckmann. Lipsiae 1791, 205.

[6]) XVII. c. 50.

[7]) Exped. Alex. III. c. 4.

[8]) I, 8.

[9]) Metam. XV, 307—310.

[10]) lib. VI. v. 848.

[11]) Hist. nat. II. 106.

[12]) lib. IV, c. 7, wo die bekannteste und am häufigsten citirte

richteten übereinstimmend, dafs die Sonnenquelle des Morgens lau, Mittags kalt, des Abends wiederum lauwarm und um Mitternacht, wie besonders Herodot und Curtius angaben, sogar kochend sei. Aber keinem einzigen dieser Autoren scheint es vergönnt gewesen zu sein, aus eigener Beobachtung der Temperaturverhältnisse zu berichten, und so darf es nicht wundern, dafs die falsche Vorstellung, welche schon im Alterthume die Bewohner der Oase von den Temperaturverhältnissen ihrer Sonnenquelle gehabt haben mögen, zu den übereinstimmenden irrigen Nachrichten der genannten Schriftsteller während des ganzen Alterthums führte [1]. Viel auffallender, als dieser Irrthum längst vergangener Zeiten ist dagegen, dafs noch im Lauf dieses Jahrhunderts ein wissenschaftlich gebildeter Reisender, der General von Menutoli [2], keinen Anstand nahm, der Mythe der Bewohner der Oase gleichfalls Glauben schenkend zu versichern, dafs das gesammelte Wasser der alten Sonnenquelle fortwährend seine Temperatur ändere [3]. Einige Temperaturbeobachtungen hätten

---

Stelle über die angeblichen periodischen Temperaturveränderungen der Sonnenquelle mit wenigen Worten das Phänomen also schildert: Sub lucis ortum tepida manat, medio die frigida eadem fluit, inclinato in vesperum calescit, media nocte fervide exaestuat.

[1]) Eine Quelle der Siwahoase steht noch bei den Bewohnern derselben in hohem Ansehen. Voy. à l'Oasis de Sionah 17.

[2]) Reise zum Tempel des Jupiter Ammon in der libyschen Wüste und nach Ober Aegypten. Berlin 1824, 164.

[3]) Täuschungen derselben Art kommen übrigens unter der jetzigen Bevölkerung noch bei 2 Quellen der Grofsen Oase (Voy. à l'Oasis de Syouah 103) und auch in anderen Continenten vor, wo man den Gebrauch von Instrumenten verabsäumt, indem von den schon erwähnten, in Süd America auf der Hochebene von Santa Fe de Bogota auftretenden Thermen von Tunja versichert wird, dafs sie in der Nacht warm, am Tage dagegen sehr kalt seien (Mollien I, 115).

hingereicht, den Reisenden, der, wie es scheint, gar keine Instrumente gebrauchte, und, wie die Alten vor 2000 Jahren, sein Urtheil allein nach dem körperlichen Gefühl normirte, eines Besseren zu belehren [1]).

Aufser den noch apocryphischen Thermen der Siwahoase finden wir in dem nördlichen Oasenzuge bis Fezzan hin nur eine einzige Therme aufgeführt, nämlich die, welche Pacho im Jahre 1824 in der bis dahin völlig unbekannt gewesenen, südlich der alten Cyrenaica gelegenen kleinen Oase Maradeh el Hamond in Gesellschaft von 6 anderen, aber kalten Quellen antraf, so dafs hier abermals thermale und kalte Quellen in derselben Localität vergesellschaftet auftreten [2]). — Am Südrande Fezzans kennen wir endlich nach Capt. Lyons Erkundigungen [3]) eine starke heifse Quelle zu Tibesty in der Nähe des von Hornemann überschrittenen Bergzuges der schwarzen Harudsche, welchen der ältere deutsche Reisende für basaltisch erklärt hatte, dessen Massen aber nach den erwähnten Berichten der jüngsten Erforscher des Soudans schwerlich etwas anders, als auf ihrer Oberfläche geschwärzte Sandsteine sind. Die Therme scheint ein Schwefelwasser zu sein, indem der Boden, woraus sie entspringt, wie Lyon

---

[1]) Am Weitesten scheint sich übrigens Belzoni in der Ueberwerthung des körperlichen Gefühls zur Bestimmung relativer Temperaturhöhen verloren zu haben, indem er die bei den Thermen der kleinen Oase empfundenen angeblichen Wärmestufen sogar in Graden zu 40, 60, 100 und 80° F. schätzte, und zugleich darin hinlänglichen Grund sah, die Ouad el Baheryeh für die Oase des Jupiter Ammon zu erklären.

[2]) Bulletin de la Soc. de Géogr. de Fr. 1825. IV, 289; Voyage 273.

[3]) Capt. Lyon Narrative of the Travels in Northern Africa in the years 1818, 1819 and 1820. London 1821, 230.

erfuhr, angeblich gänzlich aus einem an manchen Stellen völlig reinem Schwefel besteht. Das Wasser wird sauer genannt, und es soll den Einheimischen, die es gewöhnlich trinken, und Fremden, die sich absichtlich dahin begeben, als Heilmittel dienen. Die Heilkräfte desselben stehen in solcher Verehrung, dafs man ihnen sogar einen ganz wunderbaren Einflufs beimifst, indem die Eingeborenen versichern, dafs die Therme nicht allein alle Schäden und rheumatische Schmerzen vollkommen heilt, sondern selbst Blinden, die ihr Gesicht damit beschmieren, die Sehkraft widergibt. Nächstdem soll sich diese Therme in einer kochenden Bewegung befinden, die entweder von Wassergasentwickelungen oder vielleicht auch, gleich denen im Karlsbader Sprudel, aus einer gleichzeitigen heftigen Entbindung von kohlensaurem Gas herrühren mag. Eben so wenig weifs man, ob die Therme dem grofsen nordafricanischen Kreidegebiet angehört und mit Gypsmassen in Verbindung steht, oder ob nicht vielleicht Trachytmassen in den Umgebungen Tilestys sichtbar sind, da bisher noch kein einziger europäischer wissenschaftlicher Reisender den Südostrand Fezzans betreten hat. Sehr zu beklagen ist es deshalb, dafs unsere neuesten deutschen Reisenden, denen es vergönnt ist, unter so günstigen Umständen ihre Forschungen auszuführen, wie sie noch nie einem Europäer im Inneren des Continents zu Theil geworden sind, allein durch anderweitige Umstände verhindert wurden, die völlige Untersuchung der Oase Fezzan während ihres Aufenthalts zu Murzuk zu beendigen und namentlich diese von Lyon erkundeten Verhältnisse der Umgegend von Tibesty zu bestätigen [1]). Aber auch selbst unter den bisher mit-

---

[1]) So wäre namentlich ein sehr leicht zu erlangender Aufschlufs darüber wünschenswerth gewesen, ob Tibesty allein den Schwefel liefert, der nach Lyon (27) und Cailliaud in Fezzan vorkommt, oder ob es mehrere Lagerstätten der Art in der Oase gibt.

getheilten Resultaten ihrer Erkundigungen findet sich nichts über die Verhältnisse der Thermen und der benachbarten Schwefelablagerung. Das Einzige, was noch zu der Vermuthung leiten kann, dafs auch in diesen Gegenden, wie in Palästina, Nord Arabien und bei Suez Gypsmassen die Therme und den Schwefel begleiten, ist die Auffindung des Gypses wenigstens in anderen Theilen der Oase [1]), die wir der Reise von Lyon und Oudney verdanken. Trachytmassen scheint es dagegen nach den durch Lyon und Oudney aus diesen Gegenden nach Europa beförderten Handstücken nach Bucklands und Königs Untersuchung derselben daselbst gar nicht zu geben. Bemerkenswerth ist jedoch, dafs bereits Lyon das Zusammenvorkommen von Thermen und Schwefel als ein Anzeichen der vulcanischen Natur der Berge um Tibesty erklärte [2]), obwohl weder Denhams, noch des neuesten Reisenden Richardson Berichte [3]) über diese Gegenden hierüber Aufschlufs gewähren.

In eine vierte Gruppe glaube ich dann alle Thermen rechnen zu können, welche längs der Westküste des Continents in dem langen Zuge von Bergketten erscheinen, den wir ununterbrochen von den Gränzen Tripolitaniens an bis zum Rande des atlantischen Oceans in Marocco verfolgen können. In Tripolitanien wurde jedoch bisher nur eine einzige Therme und zwar eine Stahlquelle bekannt, die zu Duga merkwürdiger Weise auf der Höhe eines Berges entspringen soll [4]). Südwestlich Tripolis hat man dagegen in neuester Zeit noch verschiedene warme Quellen in den Oasen durch Richardson kennen gelernt, der namentlich in der Oase Ludinat oder Sardelis eine

[1]) Lyon 365.

[2]) Ebendort 230.

[3]) Travels in the Desert or Sahara in the years of 1845 and 1846. 2 Vol. London 1848.

[4]) Journ. of the Geogr. Soc. of Lond. 1844, 104.

der Art zugleich mit 6—7 kalten antraf und ausdrücklich bemerkt, dafs jene sogar die wasserreichste unter den Quellen der Localität sei [1]). Gibt der Reisende auch nichts Specielleres über die chemischen Eigenschaften dieser Therme an, so läfst sich doch aus seiner gelegentlichen Bemerkung, dafs der Geschmack der Therme, den er wegen seiner Vorzüglichkeit rühmt, eisenhaft sei, mit Grund vermuthen, dafs dieselbe abermals ein warmes Stahlwasser ist. Diese Ansicht dürfte darin noch eine Bestätigung finden, dafs das Gestein, woraus die Quelle entspringt, angeblich ein sehr eisenreiches ist [2]), und dafs man daselbst sogar Stücke von Raseneisenstein soll auflesen können. Aehnliche eisenreiche Gesteine verbreiten sich nach Richardson in der ganzen hiesigen Gegend, so dafs die thermalen und geognostischen Verhältnisse der Oase viel Aehnlichkeit mit den entsprechenden in Süd Africa und namentlich denen bei Caledon zu haben scheinen. Auffallend ist jedoch, dafs Dr. Oudney, der bekanntlich mit Denham in diesen Gegenden war und auch die Ludinatoase besucht hat, in seinen hinterlassenen Notizen ganz einfach nur von einer dortigen klaren, starken, zum Bewässern der Felder benutzten perennirenden Quelle spricht und ausdrücklich versichert, dafs das bei dem Austritte in einem grofsen Becken gesammelte Wasser seine Temperatur nach der Einwirkung der Sonne und der Atmosphäre ändert [3]). Nächstdem fand Richardson [4]) in der grofsen Oase von Ghadames aufser anderen Thermen die Hauptquelle mit einer Temperatur von wenigstens 37°,9, wodurch dieselbe in der Nähe ihres Ursprungs zu heifs ist, um zum Baden sofort

---

[1]) Ebendort II, 255, 261.

[2]) Ebendort II, 255, 261.

[3]) Denham and Clapperton Narrative of travels and discoveries in Northern and Central Africa. London 1826. LXII.

[4]) A. a. O. I, 184.

zu dienen. Um ihr Wasser zum Trinken benutzen zu können, mufs es erst 12—24 Stunden zum Abkühlen hingestellt werden. Richardson nennt dessen Geschmack erträglich, doch dürfte die Therme alkalisch sein, da sie nach dem Genusse purgirend wirkt. Ihren Gasgehalt erweisen die aufsteigenden Gasbläschen.

Westlich der Gränze Tripolitaniens schon in Tunesien gibt es nach der Versicherung des neapolitanischen Arztes Don Luigi an Sir Grenville Temple [1]) wiederum Thermen hart am Rande des Meerbusens von Ghâbs (Syrtis major der Alten) bei dem Orte Zarrah, aber von noch unbekannter Temperatur und mit ebenso unbekannten mineralischen Eigenschaften. Etwas bekannter, als diese Thermen, sind die an einer anderen Stelle des südlichen Tunesiens, nämlich bei dem Orte Ghâbs vorkommenden und von den Eingeborenen Hammam tal Ghâbs, d. h. Bäder von Ghâbs genannten Quellen, da man im Arabischen alle heifsen Wasser mit dem Namen Hammam zu belegen pflegt. Sie entspringen nicht in Ghâbs selbst, sondern in einem 4½ Stunden davon entfernten Oertchen, das gleichfalls den Namen El Hammah erhalten hat. Die Kenntnifs dieser Thermen ist sehr alt, indem dieselben schon im Alterthume als Aquae Tacapitanae nach dem alten Namen von Ghâbs (Tacape) im Itinerarium Antonini und in der Tabula Peutingeriana [2]) vorkommen. Später erwähnte sie Leo Afri-

---

[1]) Sir Grenville Temple Excursions in the Mediterranean. London 1832. II, 145.

[2]) Fortia d'Urban, Recueil de itinéraires anciens. Paris 1845, 22, 23, 299. Auch einer der unterrichtetsten und zuverlässigsten Berichterstatter über Nord Africa, der Engländer Shaw (Travels or Observations relating to several parts of Barbary. London 1756, 128) erkennt in den Aquae Tacapitanae die Hammam tal Ghâbs und sagt, dafs die in der Peutingerschen Tafel angegebene Entfernung der Aq. Tacapitanae von

canus [1]) und zwar mit einer für einen arabischen Autor bemerkenswerthen Umständlichkeit und Genauigkeit. Leo gibt an, dafs die Therme so stark sei, dafs sie schon vor Hammah ein mitten durch den Ort laufendes Flüfschen bildet, welches sich dann in mehrere fortwährend so wasserreiche Canäle theile, dafs die Oberfläche denen, die sich ungeachtet der aufserordentlichen Hitze in sie hineinwagen, immer noch bis an den Bauch reiche. Jenseits des Orts, in geringer Entfernung davon bilde das Thermalwasser einen See, der seiner wundervollen Erfolge wegen bei Aussatzkranken und Wunden der See der Aussätzigen zu Leos Zeit genannt wurde und Kranken, die an seinen Rändern Hütten errichteten, zum Baden diente. Viele erlangten damals hier ihre Genesung. Die Therme scheint übrigens nach Leos Bericht ein Schwefelwasser zu sein, das ihm den Durst nicht löschte, das er aber trinkbar fand, wenn es einen Tag hindurch abgekühlt wurde. Auch in neuerer Zeit war Shaw der Ansicht, dafs die Hammam tal Ghâbs ein Schwefelwasser sein müsse, wenn man nicht ihre Wirksamkeit allein der Wärme zuschreiben wolle. Er fand sie vollkommen klar, durchsichtig und selbst rein, wie Regenwasser und noch in dem von Leo beschriebenen Zustande. Die Trinkbarkeit des Thermalwassers bestätigte ein anderer neuerer Reisender Sir Grenville Temple [2]), der dasselbe sogar süfs fand und versicherte, dafs es von Allen mit Vergnügen getrunken werde. Ueber die Temperatur der Hammam tal Ghâbs sind wir ebenfalls nicht hinlänglich unterrichtet, da Temples Thermometer nur bis zu 40° C. graduirt war, und bei der ansehnlichen Wärme der Therme das Instrument zur Bestimmung nicht

---

Tacape selbst dieselbe sei, wie die des neueren el Hammah von Ghabs, die 4 Stunden betrage.

[1]) El Elzevir. Lugd. Bat. 1632, 581.

[2]) A. a. O. II, 148.

zureichte. Temple fand die Wärme so bedeutend, dafs er seine in die Quellen eingetauchten Hände und Füfse rasch zurückziehen mufste, was selbst die Araber zu thun gezwungen sind, die sonst ihren Körper, um ihn rasch in Schweifs zu bringen, darin einzutauchen pflegen. Temple nahm hier sogar 3 Quellenarme wahr, die sich aber bald verlieren.

In dem Berichte eines der neuesten Forscher in diesen Gegenden, des Dr. Barth[1]), finden wir freilich keine Angabe über diese bei dem Ort Hammah gelegene Thermen, wohl aber eine andere Nachricht über die Existenz einer starken lauwarmen Quelle in 6 Stunden Entfernung NO. von Ghâbs, welche am Fufse eines kleinen Hügels bei dem Oertchen Serat entspringt und einen kleinen See bildet, woraus Menschen und Vieh ohne Unterschied getränkt würden. Eine genauere Bestimmung der Temperatur oder eine Prüfung des mineralischen Caracters dieser Thermen scheint der Reisende nicht gemacht zu haben, da er wenigstens nichts darüber erwähnt. Vergleichen wir die fast übereinstimmenden Entfernungen Serats von Ghâbs mit denen der Aquae Tacapitanae von Tacape und el Hammahs von Ghâbs, und erwägen dafs Barth ebenso bei Serat einen kleinen von der Therme gebildeten See antraf, wie Leo einen ähnlichen im Mittelalter bei Ghâbs erwähnt hatte, so ist, wenn man von den Angaben über die Temperatur abstrahirt, kaum zu bezweifeln, dafs auch diese Seratthermen identisch mit den Aquae Tacapitanae des Alterthums, der Ghâbstherme Leos und den Hammam tal Ghâbs Shaws und Temples sind. Ist diese Vermuthung gegründet, so erledigt sich dadurch zugleich am Besten Barths Ungewifsheit, welchem Orte der alten Geographie das heutige Serat entspricht, denn mit Recht bemerkt der Reisende,

---

[1]) Wanderungen durch die Küstenländer des Mittelmeers. Berlin 1849. I, 257—258.

dafs eine Localität, wie die des eben genannten Orts, wo die Thermen allein Veranlassung zur Bildung einer kleinen höchst fruchtbaren Oase sind, als eine von der Natur gegebene Wohnstelle sicherlich nicht vernachlässigt worden war [1]).

Ziemlich tief im Binnenlande gibt es ferner am Westrande des im Alterthum als Palus Tritonis oder Lybiae, jetzt aber unter dem Namen Essibah oder el Sibhah [2]) d. h. Salzebene und nicht Shibkah el Lowdeah, wie ihn Shaw nennt [3]), bekannten grofsen Salzsees und zugleich nördlich von der Stadt Tozer (dem Thusuros der Alten) noch eine warme Salzquelle bei einem Dörfchen, das gleichfalls nur nach der Therme von den Eingeborenen seinen Namen Hammam empfangen hat. Von der Temperatur des Mineralwassers wissen wir jedoch nichts, da weder Bruce [4]), noch Temple [5]) und Desfontaines [6]), welche sämmtlich Tozer besucht haben, von ihr Kenntnifs gehabt zu haben scheinen. Einzig Shaw gibt von der Existenz derselben Kunde [7]) und berichtet, dafs sie in der Nähe einer kalten

[1]) Von der Therme von Ghâbs hatte auch der berühmte französische Botaniker Desfontaines vor langen Jahren auf seiner Reise in diesen Gegenden Kunde erhalten (Peyssonel et Desfontaines Voyages dans les regences de Tunis et d'Alger. Paris 1838, II, 135 und Nouv. Annales des voyages XLVI, 64).

[2]) Temple II, 164.

[3]) S. 126.

[4]) Travels I, XXXV.

[5]) A. a. O. II, 177.

[6]) Annales des voyages XLVII, 69 und in Peyssonel et Desfontaines Voyages II, 69.

[7]) Desfontaines sagt ausdrücklich, dafs das Wasser El Hammahs seiner vortrefflichen Eigenschaften wegen nach Tozer gebracht werde. Es scheint demnach nicht besonders reich an mineralischen Elementen zu sein. Die Wasser von Tozer selbst erwähnt er blofs als von bitterem und sumpfigem Geschmack und gleichfalls nicht als heifs (Nouv. annal. XLVII, 69; Peyssonel et Desf. II, 69).

und süfsen Quelle zu Tage tritt, dafs in ihr kleine Fische leben, endlich dafs sie zum Unterschiede von der Therme von Ghâbs den Namen Hammam tal Tozer führt. Shaw [1]) verdanken wir ferner die Nachricht, dafs es auch in der westlich vom Essibah gegen die Gränze von Algerien gelegenen trockenen Dattellande, dem Belad Dscherid, eine grofse Zahl mehr als lauwarmer Quellen von jedoch nur schwach mineralischen Eigenschaften gibt. Shaw specifirt diese Nachricht nicht weiter, doch scheint die Existenz von Thermen in jenem Gebiete in der That darin ihre Bestätigung zu finden, dafs nach Desfontaines [2]) ein Bezirk des Dscherid den Namen el Hammam d. h. wiederum Warmbad führt, obwohl freilich der Reisende, so wenig wie Temple, Barth und Bruce, von der dortigen Anwesenheit von Thermen etwas Bestimmtes anführt [3]). Das Auftreten eines ausgezeichneten Zuges von Thermalquellen, der sich durch fast ganz Algerien bis in die nördlicheren Theile von Tunesien verfolgen läfst und muthmafslich Ausläufer bis in die Nähe von Tozer entsendet, scheint jedoch eine Bestätigung von Shaws Angabe zu gewähren, die endlich noch dadurch unterstützt wird, dafs nach einem durch Temple mitgetheilten Fragmente einer Inschrift die Römer in dieser Gegend Mineralquellen gekannt haben [4]). Nordnordöstlich von Tozer trafen Shaw [5]), Des-

[1]) S. 149.

[2]) Nouv. Annal. des voy. XLVII, 68.

[3]) Desfontaines spricht z. B. bestimmt (Peyssonel et Desf. Voyage II, 70) von dem Ueberflufs des Dscherid an Wasser, ohne aber die Quellen selbst warm zu nennen. Bahrdts Carte zu seiner Reise, von ihm selbst gezeichnet, führt nördlich Tozer im Belad Dscherid gleichfalls einen Ort oder District Hamama vermuthlich aber nur nach älteren Berichterstattern auf.

[4]) A. a. O. II, 324. Das Itinerarium Antonini und die Peutingeriana (Fortia d'Urban 23, 229, 300) geben allerdings keine Andeutung, dafs sich zu Tozer warme Quellen finden.

[5]) S. 124, 149.

fontaines [1]) und zuletzt Temple [2]) abermals 2 warme und zwar sehr wohlschmeckende Thermen zugleich mit anderen sehr kalten in Ghafsa (dem Capsa des Alterthums) von denen die eine nach Temples Bericht mit 30° Temperatur innerhalb, die andere von 35° aber aufserhalb dem dortigen Castell entspringt. Desfontaines legt beiden dieselbe Temperatur von 37°,5 bei. Sie werden in Bassins gesammelt und vereinigen sich, ehe sie die Stadt verlassen, zu einem starken wasserreichen Bache, welchem Tozer grade so seine Fruchtbarkeit verdankt, wie die Oase von Serat nach Barth Beobachtungen ihrer eigenen Therme. Auch in diesen Quellen trafen Shaw und Temple 4—6 Zoll lange Fischchen, die angeblich Barben und Gründlingen ähnlich sind, in den Becken. Sie scheinen trotz der hohen Temperatur wohl zu gedeihen und geben ein Seitenstück zu dem bereits erwähnten Vorkommen lebender Ampullarien in den Thermen des ägyptischen Oasenzuges. Die erste der hiesigen Quellen führt bei den Arabern der Gegend den sicherlich von dem Griechischen θερμαί abstammenden Namen Termin; sie ist wahrscheinlich zugleich identisch mit einer bereits durch Edrisi [3]) unter dem Namen El Tarmiz oder El Tarmid in diesen Gegenden erwähnten, welche jedoch von ihm nicht als thermal angeführt wird. In neuerer Zeit scheint jedoch auch Bruce [4]) diese Thermen zu meinen, wenn er zu Feriana, einem 12 Stunden abermals nördlich von Gafsa und in der Nähe der Gränze mit Algerien gelegenen Orte heifse Quellen erwähnt, in denen er Gründlingen ähnliche Fische angetroffen hatte. Bei keinem anderen Berichterstatter finden wir

---

[1]) Nouv. Ann. XLVII, 66; Peyssonel et Desf. Voy. II, 66.

[2]) A. a. O. II, 187 und 188.

[3]) Uebersetzt von Jeaubert im Recueil des Mémoires de la Soc. de Géogr. de France. V, 253.

[4]) I, XXVIII.

nämlich eine Wiederholung dieser Angabe, obwohl Shaw ziemlich ausführlich von Feriana spricht [1]).

Ob endlich die in der Peutingerschen Tafel noch in dem Bereiche des jetzigen Tunesiens erwähnten Aquae Caesaris, deren Ort nach dem beigefügten Zeichen eine ansehnliche Bedeutung hatte, warm oder kalt waren, ist durch keine andere Mittheilung aus dem Alterthume festzustellen. Fortia d'Urban, der neueste Herausgeber der Tafel, versetzt dieselben ganz in die Nähe der tunesischen Gränze gegen Algerien, nämlich in die Localität Ain (d. h. Quelle im Arabischen) Chabrou bei Tipsa oder Tebessa [2]), also in eine wissenschaftlichen Reisenden noch gänzlich unbekannte und im Jahre 1838 zuerst durch eine französische Militaircolonne unter General Galbois betretenen Gegend, wo jedoch die Existenz von Mineralquellen höherer Temperatur gar nicht unmöglich und nicht einmal unwahrscheinlich ist. Wirklich traf Galbois Expedition nach der Gränze Tunesiens am Bach (Ouad) Scharef des Gebiets des Haraktastamms, welche Pellisier [3]) für das Thibili der Peutingeriana [4]) erklärt [5]), eine Therme an, die vielleicht sogar in näherer Beziehung zu einer anderen warmen heilkräftigen Quelle steht, welche Barth [6]) fast unter demselben Breitengrade mitten im centralen Tunesien und zugleich am Nordabhange des grofsen und bis 3080 F. hohen, südwest-

---

[1]) S. 121—123.

[2]) A. a. O. 297.

[3]) Exploration scientifique de l'Algérie. Mém. hist. et géogr. 1842. VI, 374.

[4]) Fortia d'Urban 296.

[5]) Pellisier warnt übrigens selbst davor, diese Therme des alten Thibili mit den vielmehr bekannten und weiter hin ausführlich zu beschreibenden Aquae Tibilitanae des Alterthums südlich von Bona zu verwechseln.

[6]) Monatsberichte der Berliner geogr. Gesellschaft N. F. VI, 49; Wanderungen I, 244.

lich von der grofsen Stadt Kairouân gelegenen Berges Trarza kennen lernte. Diese letzte führt bei den Eingeborenen nach dem Berge den Namen der Hammam Trarza, aber es ist in der That sehr zu bedauern, dafs der deutsche Reisende über die naturhistorischen Verhältnisse ihrer Umgebungen nicht Rechenschaft zu liefern vermochte, da die kurze Andeutung, die er gibt, dafs nämlich die warme Quelle eine vulcanische Natur des Berges bekunde [1]), wohl Vermuthungen Spielraum läfst, doch gar sehr der genaueren Feststellung bedarf. Eine gründliche Erforschung dieser Gegenden möchte jedoch ohne Zweifel zur Auffindung noch anderer Thermen führen und muthmafslich selbst eine weitere südliche Erstreckung der zuerst von Barth [2]) in den Umgebungen von Tunis wahrgenommenen vulcanischen Gebilde erweisen, die ihrerseits wiederum nur die südlichsten bekannten Vorkommnisse des grofsen vulcanischen Zuges sein dürften, welcher von den Boraxseeen im Toscanesischen längs den westlichen Rändern der italischen Halbinsel und unter dem Boden des Mittelmeers über den Vesuv, die Liparischen Inseln, Sicilien und Pantellaria bis hart an die Nordküste des Continents unter beständiger Begleitung von Thermen zu verfolgen ist [3]). An der tu-

---

[1]) Monatsberichte VI, 49. Im vollständigen Reiseberichte ist selbst diese Andeutung nicht wiederholt worden.

[2]) Monatsberichte VI, 47; Wanderungen I, 205. In beiden Stellen wird nämlich der grofse Dschebel Ischkêl bei Tunis bestimmt als vulcanisch genannt.

[3]) Es ist sehr bekannt, dafs bereits die Schriftsteller des Alterthums, namentlich Diodorus, Strabo und Solinus, einen Theil der vulcanischen Phänomene dieses Zuges einem und demselben unterirdisch grofsen zusammenhängenden Processe zugeschrieben haben. Für die Kenntnifs der südlichsten bekannten Localitäten des Zuges sind besonders die Verhältnisse von Pantellaria höchst wichtig und auch dadurch von Interesse geworden, dafs durch sie besonders deutlich wird, dafs viele Thermen sich erst ganz nahe an der kühleren Oberfläche durch

nesischen Küste erscheint nun zuvörderst auf der Ostseite der Landspitze, welche den weiten Busen von Tunis im Osten begränzt und mit dem Cap Bon endigt, eine Thermalquelle in dem kleinen elenden, jetzt nur aus wenigen Hütten und einer Reihe kleiner Gemächer bestehenden Dorfe Ghurbos, dem Carpi, Curubi oder Casula [1]) der alten Schriftsteller. Schon im Alterthum unter dem Namen der Aquae calidae [2]) bekannt und in neuerer Zeit nur oberflächlich besucht oder selbst nur nach Hörensagen von Shaw [3]), Peyssonel [4]), Desfontaines [5]) und Temple [6]) beschrieben, lernten wir dieselbe erst durch die neuesten Berichterstatter über diese Gegenden, den Fürsten Pückler [7]) und Barth [8]) etwas genauer kennen, indem namentlich der Erste im Jahre 1837 längere Zeit zu Ghurbos verweilte und die Bäder gebrauchte. Nach Pückler ist die Umgebung des Orts höchst sandig, dünenartig und völlig baumlos, nach Barth entspringt die Therme hier mitten in der erwähnten Reihe von Gemächern in einer nach dem Meere sich öffnenden Schlucht. Sie wird in einem Bassin gesammelt und soll nach Pückler Salz, Schwefel und Eisen enthalten und in rheumatischen und

---

die Condensation der aus dem Erdinnern aufsteigenden heifsen Wasserdämpfe bilden (Dolomieu Voyages aux îles Lipares. Paris 1781, 147 und Duke of Buckingham im Report of the British Association for the advancement of science. London 1833. I, 587—589).

[1]) Fortia d'Urban 17, 18, 154, 294; κάρπη πόλις ebendort 375.

[2]) Ebendort 18, 294.

[3]) S. 87.

[4]) Peyssonel et Desfontaines I, 189.

[5]) Ebendort II, 87.

[6]) Excursions II, 3.

[7]) Südöstlicher Bildersaal. Stuttgart 1840. I, 22—25.

[8]) Wanderungen I, 130.

hartnäckigen syphilitischen Uebeln ausgezeichnete Heilkräfte besitzen, weshalb sie auch bei den Landesbewohnern im hohen Ansehn steht. Die Temperatur des Wassers ist so hoch, dafs es 24 Stunden in der Wanne gestanden haben mufs, ehe es zum Baden gebraucht werden kann. Barth vermochte sogar bei einem wiederholten Versuche, den Arm nicht einen Augenblick im Bassin zu lassen und er konnte deshalb gar nicht begreifen, wie die Eingeborenen, die in das Bassin mit dem ganzen Körper springen, den Grad von Hitze zu ertragen im Stande sind. Eine neuere bestimmte Messung der Temperatur als die von Desfontaines [1]), der sie zu 57°,5 C. fand, besitzen wir nicht [2]). Uebrigens dient das Thermalwasser den Landesbewohnern nicht allein als Bad, sondern auch zum Trinken. Von besonderem Interesse wäre es hier noch die Natur der schwarzen, mitten im Dünensande der Umgebungen von Ghurbos von Pückler beobachteten schwarzen Felsen von pittoresker Form zu kennen, ob es nämlich basaltische oder auch ächte vulcanische Gebilde sind, worauf der Dschebel Ischkel hinweist oder gar nur solche Sandsteine, wie die aus der Sahara erwähnten, mit geschwärzter Oberfläche, von denen uns übrigens Poiret [3])

---

[1]) Peyssonel et Desf. II, 87.

[2]) Eine Schätzung der Temperatur der in Rede stehenden Therme läfst sich jedoch allerdings nach neueren Angaben machen, welche an Dureau de la Malle mitgetheilt und von ihm veröffentlicht wurden (Recherches sur la Topographie de Carthage. Paris 1831, 278). Ihnen zufolge soll nämlich die Therme um die Hälfte wärmer sein, als eine andere in Tunesien, die gleich zu erwähnende Hammam el Enf. Da nun die letzte eine Temperatur von 36° besitzt, so wäre die der Ghurbostherme 54°, ein Resultat, das sichtlich mit dem von Desfontaines auf directem Wege früher gefundenen fast auf das Genaueste übereinstimmt.

[3]) Voyage en Barbarie. Paris 1789. 2 Vol. II, 276.

und Renou[1]) die nächsten Beispiele an derselben Küste mehr in Westen im Cap Negro kennen gelehrt haben[2]).

Ob es endlich in diesen östlichsten Küstengegenden Tunesiens nächst der Therme von Curubis oder Ghurbos andere gibt, ist bisher durch keinen einzigen neueren Berichterstatter bekannt worden, und namentlich wissen wir nicht, ob die nach dem Stadiasmus des Alterthums an dem Küstensaume südlich Leptis im Alterthume vorhanden gewesenen Orte *Θερμὰ* (das heutige Agdin nach Fortia d'Urban)[3]) und *Θερμὰ κώμη* (Breschah nach demselben Ausleger) nur nach der bedeutenden Temperatur ihrer Localitäten, die allerdings, wie bekannt, in diesen Landstrichen zunächst der grofsen Syrte sich vor der aller anderen des Nordrandes von Africa durch ihre Höhe auszeichnet, oder auch nach heifsen Quellen genannt worden sind, da alle Reisenden in diesen Gegenden und selbst Barth, welcher die Geographie dieser Landstriche durch die alten Schriftsteller so eifrig aufzuklären versucht hat, völlig darüber schweigen.

Genauer als die Therme von Ghurbos kennen wir eine andere an der Westseite des Golfs von Tunis, da sie vielfach beschrieben worden ist[4]) und nur 12 englische Mei-

---

[1]) Annales des Mines, 4. Serie IV, 532.

[2]) Wahrscheinlich gehören auch die obigen Thermen zu denen in Tunesien, von denen ein neuerer, aber freilich wissenschaftlich nicht bedeutender Berichterstatter Macgillan (Account of Tunis. London 1816, 64) sagt, dafs sie eine Temperatur gleich der des kochenden Wassers hätten. Er selbst führt keine dergleichen als Beispiel auf und, da nun von keiner einzigen bekannten Therme des Landes mit Bestimmtheit bekannt ist, dafs sie eine so hohe Temperatur habe, so läfst sich annehmen, dafs der Angabe ein Irrthum zum Grunde liegt.

[3]) Fortia d'Urban 375.

[4]) Diese interessante Therme ist zwar in neuerer Zeit vielfach erwähnt und beschrieben, leider aber niemals durch einen Naturforscher genauer untersucht worden. Eine der frühesten Er-

len von Tunis am Fufse des Zawanberges entspringt, der seinerseits nur der nordöstlichste Anfang einer grofsen, Tunesien in seiner ganzen Länge durchziehenden Bergkette ist. Ihrer ausgezeichneten Heilkräfte wegen in hartnäckigen syphilitischen und rheumatischen Uebeln, dann bei Krätze und Schlagflüssen, werden diese Thermen häufig von Kranken aus Tunis besucht. Sie führen den Namen der Hammam l'Enf oder auch Hammam Lif, d. h. wörtlich Nasenbäder [1]) oder auch schlechtweg beim

---

wähnungen der Art noch aus dem vorigen Jahrhundert verdanken wir dem Engländer Stanley, aus dessen Bericht Sprengel in seinen Beiträgen zur Länder- und Völkerkunde 1787. VII, 127 eine Mittheilung gegeben hat; eine zweite mit Stanley ziemlich gleichzeitige einem anderen englischen Autor in dessen anonym erschienenen Observations of the City of Tunis and adjacent country. London 1786, 18. Noch früher als beide Engländer hatte Peyssonel die Hammam el Enf besucht, aber sein Bericht erschien bekanntlich erst vor wenigen Jahren (Peyssonel et Desfontaines voy. II, 156, 167). Er nennt sie unrichtig Emmamelif. In den letzten 70 Jahren beschrieben endlich die Therme Desfontaines (ebendort II, 83, 133), der sie auch abweichend la Mamelif nennt, Temple (II, 3), Kennedy (Algeria and Tunis in 1845. 2 Vol. London 1846. II, 23) und Barth (I, 128). Der deutsche Missionar Ewald lieferte noch in seinem Schriftchen: Reise von Tunis über Soliman nach Tripolis. Nürnberg 1838, 91) eine Abbildung des Badegehäuses.

[1]) Desfontaines (a. a. O. II, 83) sagt einfach sel marin, ohne anzugeben, ob er einen Versuch zur Ermittelung von Magnesia oder Natronsalzen gemacht hat. Die Natur des Salzes mufs also noch für unentschieden gelten.

[1]) Dieser Name rührt übrigens nicht, wie schon Temple ausdrücklich bemerkt, von einer besonders vortheilhaften Einwirkung des Thermalwassers auf Krankheiten der Nase her, sondern von der nasenförmigen Gestalt eines benachbarten Vorgebirges her. Solche Benennungen kommen auch an anderen Punkten der Erde in dem Gebiete der arabischen Sprache vor, wie denn z. B. ein Cap desselben Namens sich an der Küste

Volke den der Bäder (Hammam). Wie die des Caplandes wirken sie besonders günstig auf das Hautsystem, indem durch einen höchstens 10 Minuten dauernden Aufenthalt in ihnen eine starke Transpiration veranlafst wird, während welcher der Kranke, ebenfalls wie im Caplande, in wollene Decken gehüllt sich niederlegt. Von ihrem Einflusse werden Wunderdinge erzählt, aber auch Desfontaines sah sehr günstige Wirkungen von ihrem Gebrauche. Sie sind Schwefelwasser; zu ihrer ausgezeichneten Heilkraft mag aber auch der starke Salzgehalt beitragen, durch den sie angeblich sogar alle übrigen Mineralquellen des Landes übertreffen. Es ist übrigens diese Therme in der Nähe von Tunis wahrscheinlich dieselbe, welche schon Livius in seiner Darstellung des 2. punischen Krieges unter dem Namen der Aquae calidae anführt [1]), von welcher ferner Apulejus [2]) unter dem Namen der Aquae Persianae als von einem höchst angenehmen und heilsamen Wasser spricht, und welche auch Strabo [3]) als bei Tunis vorkommend kannte. Unzweifelhaft ist es endlich noch dieselbe Therme, welche am Schlusse des 3. Jahrhunderts unserer Zeitrechnung dem h. Patricius, Bischof von Pertusa bei Carthago, unmittelbar vor seinem Märtyrertode Veranlassung gab [4]), sich auf eine mit den jetzigen wissenschaftlichen Ansichten über die durch den Einflufs vulcanischer Processe im Erdinnern auf die höhere Temperatur der Quellen ganz entsprechende Weise auszusprechen. Selbst darin scheint der Märtyr nicht geirrt zu ha-

---

von Nubien findet, wo er dem Cap aus gleichen Gründen beigelegt wurde (Wellsted Reise II, 236).

[1]) Hist. lib. XXX, c. 24.

[2]) Florida III, c. 16.

[3]) lib. XVII. Ed. Casaub. II, 824.

[4]) Acta primorum martyrum sincera et selecta Opera, et studio T. Ruinarti, Monachi Bened. Parisiis 1689, 621.

ben, dafs er auf den Zusammenhang der hiesigen Therme mit den grofsartigen vulcanischen Processen von Sicilien hinwies [1]). Die Temperatur der Hammam l'Enf beträgt nach der an Dureau de la Malle gemachten Mitthei-

[1]) In seinem Verhöre vor dem Pro Consul von Africa, der ihm höhnend sagte: Age tamen, edissere, quo autore hae thermae scaturiant et fervens haec aqua cujus virtute adeo ebulliat, antwortete der Bischof auf folgende eben so männlich besonnene, als auch im Wesentlichen richtige Weise: Est enim autem et supra firmamentum coeli et subter terram ignis atque aqua; et quae supra terram est aqua, coacta in unum, appellationem marium, quae vero infra, abyssorum suscepit, ex quibus ad generis humani usus in terram, velut siphones quidam emittuntur et scaturiunt. Ex iisdem quoque et thermae exsistunt, quarum quae ab igne absint longius, provida boni Dei erga nos mente, frigidiores, quae vero propius, admodum ferventes fluunt. In quibusdam etiam locis et tepidae aquae reperiuntur, prout majore ab igne intervallo sunt disjunctae. Haec autem ita se habere, persuade tibi vel ex eo, qui in Sicilia exaestuat igne (d. h. aus dem Berge Aetna). Acta Ed. Ruinard 621—22. Auf diese aus einem griechischen Manuscript der St. Lorenz Bibliothek zu Florenz gezogene höchst interessante und merkwürdige Stelle machte in neuerer Zeit wiederum der gelehrte Dureau de la Malle aufmerksam (Recherches 276). Aehnliche Ansichten über den Zusammenhang der vulcanischen Processe mit der Entstehung der heifsen Mineralquellen finden wir übrigens öfters theils früher, theils später ausgesprochen. Zu den ältesten Autoren, welche den Zusammenhang behaupteten, gehörten namentlich der alte Philosoph Empedocles und Lucretius (VI, 879—886), zu den späteren abendländischen im Mittelalter bekanntlich Eustathius in seinem Commentar zum Homer (Il. X, 393. Ed. Florent. Politii. 1730, 298). Aber interessant wäre es mit diesen Erklärungen der unterirdischen feurigen Processe und ihrer Einwirkung auf die höheren Temperaturen der Mineralquellen aus dem Abendlande auch eine orientalische aus dem Mittelalter über die Natur des Vulcanismus zu vergleichen, wie sie der bekannte arabische Schriftsteller Masoudi nach seinen eigenen Angaben (Historic Encyclopedia. Ed. Springer. London 1839, 527) in seinem noch ungedruckten, jedoch

lung 36° C. [1]). Eine Viertel Meile von der Hauptquelle gibt es daselbst noch eine zweite, unter freiem Himmel entspringende Quelle von solcher Hitze, dafs sie nicht sofort zum Baden zu benutzen ist, der sich jedoch die Kranken, welche sie trinken und die Hauptquelle zum Baden gebrauchen, gewöhnlich als Abführungsmittel und als Vorbereitung zur eigentlichen Cur bedienen [2]).

Zehn Stunden südlich Tunis und zugleich zwei Stunden OSO. vom hohen Zawan entspringen endlich nach Peyssonel abermals heifse Quellen, die von den Landesbewohnern früher benutzt und die Bäder von Emmamel reyra genannt worden sind. Sie treten in der Nähe von Ruinen alter Badegebäude zwischen steilen Bergen zu Tage und gleichen nach Peyssonel in ihrer Natur den Hammam el Enf [3]). In der Nähe der westlichen, in das weifse Vorgebirge (Ras el Abiad) auslaufenden Einfassung des Golfs von Tunis wurden ferner in den letzten Jahren Thermen und zwar von salziger Natur am Rande des grofsen Sees von Benzerta (Bizerta nach anderen Berichterstattern; Hippo Zarytus der Alten) durch Lieut. Spratt bekannt [4]), welcher 4—5 derselben am östlichen Fufse des hohen, angeblich vulcanischen Dschebel Ischkel und zwar von

in der Bibliothek der Sophienmoschee zu Constantinopel vorhandenen Werke Acbar el Zamam (Burkhardt Travels in Nubia. London 1819, 527) ausgesprochen hat.

[1]) Recherches 278; in Peyssonel et Desf. Voyage II, 133 gibt Dureau de la Malle eine etwas höhere Zahl, nämlich 40° C. an.

[2]) Der Anonymus in Observations 18.

[3]) Peyssonel et Desf. Voyage I, 91. Nur von Peyssonel finde ich diese Thermen erwähnt; kein anderer Reisender spricht von ihnen.

[4]) Journal of the Geogr. Soc. of London. 1846. XVI, 255.

solchem Reichthum antraf, dafs überall, wo dort ein Loch gegraben wurde, das Wasser zum Vorschein kam. Auch diese Thermen werden von den Eingeborenen täglich zum Baden benutzt. Peyssonel, Shaw, Desfontaines und Temple sprechen indessen von ihnen nicht, so wenig als es in der neuesten Zeit durch Kennedy und Barth geschehen ist [1]). — Im westlichen Tunesien fand endlich Hebenstreit, ein deutscher Botaniker des verflossenen Jahrhunderts [2]), eine laue Quelle von süfsem Geschmack nahe der algerischen Gränze unfern dem Orte Begia oder Beja, die sich durch ihre gelben Absätze und ihren Geschmack als eine bestimmte Stahlquelle kenntlich machte. Von dieser Therme und der Hammam l'Enf beginnt nun ein ganzer, in den letzten Jahren erst in seiner vollen Bedeutung durch die französische Occupation Ost Algeriens bekannt wordener Thermenzug, der von seinem nordöstlichsten Punkte im Tunesischen in W.S.W. Richtung über la Calle und Constantine bis in die Gegend von Setif fortsetzt und einer grofsen Aufbruchsspalte im unteren Kreidegebiet folgt, merkwürdiger Weise aber, wie Puillon Boblaye, der auf ihn zuerst aufmerksam machte, ausdrücklich versichert, hier gar nicht von feurigen Gebilden begleitet wird [3]). Mehrere höchst merkwürdige Quellen

---

[1]) Das Schweigen Temples ist um so auffallender, als derselbe Erscheinungen der Art sonst nicht unbeachtet liefs, Bizerta selbst besucht hatte (II, 274) und den Dschebel Iskel oder Ischkêl nennt. Nicht minder auffallend ist Peyssonels Schweigen, der sogar nicht weniger als 20 Tage sich in und um Bizerta aufgehalten und die Umgebungen des Orts fleifsig in botanischer Hinsicht durchforscht hatte.

[2]) Bernouilli Sammlung kurzer Reisebeschreibungen. Berlin 1783. XI, 405.

[3]) Puillon Boblaye (Comptes rendus de l'Academie de Paris. 1838. VII, 240, 242 und Bull. de la Soc. de Géogr. de Fr. 1840. XI, 131) beginnt ihn erst bei la Calle, da seine Untersuchungen sich begreiflicher Weise zunächst nur auf das algerische Ge-

caracterisiren diesen Zug, dessen am frühesten bekannte Therme in Algerien übrigens schon von Peyssonel erwähnt wurde, welcher in den Telf genannten Bergen (Montagnes du Telf) zwischen dem bekannten Hafenplatze la Calle und Bona eine heifse Quelle antraf [1]). Einige andere Thermen entspringen nach neueren Untersuchungen des französischen Bergwerksingenieur Renou [2]) sogar noch weiter im Osten, SO. la Calle und zwar in der Nähe der tunesischen Gränze; sie sind vitriolische von 36—38° Temperatur und kommen im Kreidegebiet zu Tage [3]). Ferner gehören hierher die SW. von la Calle und SO. Bona liegenden Quellen von Chefia, deren Wärme sie gleich zum Baden

---

biet beschränkten, doch erweist schon das Vorkommen der Thermen zu Begia, Tunis, Benzart (Bizerta) und Ghourbos, dafs der Zug noch weiter über die Gränze Algeriens in ONO.-Richtung fortsetzen mufs, da auch diese Thermen fast genau in der Verlängerung seiner Axe liegen, und es ist nicht zu zweifeln, dafs genauere Untersuchungen im Tunesischen zu der Entdeckung noch anderer warmen Mineralquellen führen und eine bestimmtere Verbindung der Thermen am tunesischen Meerbusen mit den algerischen nachweisen werden.

[1]) Peyssonel et Desfontaines I, 319 und 325. Die Quelle mufs sehr stark sein, da Peyssonel gar von einem warmen Bache spricht.

[2]) Annales des Mines. 4. Ser. IV, 537.

[3]) Diese vitriolischen Thermen veranlassen, indem sie in einem viel Tannin führenden Bache münden, die Bildung einer eigenthümlichen, schwarzen, leicht zerfallenden Substanz, welche der färbenden Materie unserer schwarzen Tinte ganz entspricht und von Renou an das Eisenoxalat angeschlossen wird. Vor seiner Vereinigung mit dem Bache setzt das Thermalwasser nur unterschwefelsaures Eisenoxyd ab (Sous-sulfate de peroxyde de fer.) Comptes rendus 1846. XXIII, 547). Dieser Absatz schwarzer Substanzen führt vielleicht bei genauerer Untersuchung auf eine passende Erklärung der bei der kleinen Oase erwähnten Eigenschaft einer der dortigen Thermen, weifse Wolle schwarz zu färben.

geeignet macht, endlich die sehr bedeutenden und siedend heifsen Thermen an der Adisa [1]) 40 Kilometer südöstlich von Bona, von denen jedoch Renou nichts, als die Existenz erwähnt, und über welche ebenso wenig ein anderer älterer oder neuerer Berichterstatter Kunde gibt. Viel bekannter sind dagegen zwei warme Quellen weiter im Westen, die sich in der Nähe von Guelma, einem Orte voller Ruinen zwischen Bona und Constantine und jetzigem französischen Militairposten befinden und mit drei anderen Algeriens die einzigen Mineralquellen im ganzen Continent von Africa sind, die man bisher einer quantitativen chemischen Analyse unterworfen hat. Die eine, die Hammam el Berda, ist durchsichtig, ohne Geruch und von so gutem Geschmack, dafs der französische Oberarzt Tripier denselben dem des besten Trinkwassers gleich setzte [2]). Gleichzeitig ist der Wasserreichthum dieser Quelle so bedeutend, dafs deren vereinigten Arme ein Mühlrad treiben könnten. Die Temperatur der Therme, welche nur 3 englische Meilen vom Seybousflusse entspringt [3]), beträgt nach Tripiers Bestimmungen 29°,3, nach denen von Temple 29—30 [4]), nach Wagner endlich 36°,2 C. [5]). Erster fand bei seiner Analyse einen starken Gehalt erdiger Bicarbonate, aber einen sehr geringen an alcalischen Substanzen und einen so geringen an Eisen, dafs das Quellwasser dadurch nicht den mindesten eigenthümlichen Character erhält. Speciell fand Tripier in einem Litre des Ham-

[1]) de l'Adise sagt Renou. Ob dieser Name einen Bach, Flufs oder sonst eine Wasseransammlung bedeutet, ist mir unbekannt.

[2]) Comptes rendus de l'Acad. de Paris 1839. IX, 599 und Journal de Chimie médicale. Paris 1840. VI, 275.

[3]) Kennedy Algeria and Tunis I, 220.

[4]) Journ. of the Geogr. Soc. of London 1838. VIII, 42.

[5]) Reisen in der Regentschaft Algier in den Jahren 1836, 1837 und 1838. 3. B. Leipzig 1841. I, 291.

mam el Berda Wasser 0,38766 Grammen fester Substanzen, die aus 0,02155 Chlornatrium, 0,01899 Chlormagnesium, 0,05254 schwefelsaurem Natron, 0,00733 schwefelsaurer Magnesia, 0,0200 schwefelsaurem Kalk, 0,03725 kohlensaurer Magnesia, 0,01000 Kieselerde, 0,0200 stickstoffhaltender Materie, Spuren von Eisenoxyd und kohlensaurem Strontian, endlich aus einer Spur von Schwefel, welcher sich zuletzt erst bei der Analyse der stickstoffhaltenden Substanz ergab, bestanden. Aus dieser Untersuchung folgt also, dafs in der Therme eine beträchtliche Zahl aufgelöster Salze enthalten ist, und dafs dieselbe ihres Stickstoff- und Schwefelgehalts wegen sich zunächst den Pyrenäenthermen anschliefst. Ein Fünftel vom Volumen des Wassers besteht, ebenfalls nach Tripiers Untersuchung, aus einem Gasgemenge von 86 Proc. Stickstoff, 12 Proc. Kohlensäure und 2 Proc. Sauerstoff, aber ohne Schwefelwasserstoffgas. Die neben jedem hiesigen Quellenarme stattfindende Gasentwickelung ist übrigens so stark, dafs eine kochende Bewegung dadurch in den Thermen veranlafst wird. Aus welchem Gestein die letzten entspringen, wird nicht mit Bestimmtheit angegeben, vermuthlich aber ebenfalls aus den in einem grofsen Theile Algeriens herrschenden unteren Kreidemassen [1]). — Bereits im Alterthum war die Hammam el Berda bekannt und, wie die in der Nähe vorhandenen Reste alter Gebäude beweisen, von den Römern benutzt. Ihr Hauptarm tritt aus einem Loche von der Stärke eines menschlichen Körpers, das die Mündung eines horizontalen Canals ist, mit wallender Bewegung in ein 23 Fufs langes und 10 Fufs breites, ovales aus dem Alterthum erhaltenes Bekken, dann in ein zweites, von 100 Fufs Länge und 70 Fufs Breite, das jetzt aber fast ganz zerstört ist. Peyssonel, der zuerst diese Hammam besuchte, ihren Namen aber

---

[1]) Puillon Boblaye in den Compt. rend. 1838. VII, 239, 242.

nicht gekannt hatte, gibt dem Becken eine Peripherie von etwa 30 Schritten [1]) und bemerkt gleicherweise, dafs das Thermalwasser am Rande des Beckens aus einem Loche von Mannsdicke tritt und sofort einen Bach bildet. Seine Wärme fand er gemäfsigt, und er beobachtete gar keinen besonderen Geschmack. — Viel bedeutender aber und seit längerer Zeit bekannt ist eine Anhäufung anderer Thermen, die nur wenige Stunden von ihnen und zugleich in 4—6 Stunden Entfernung von dem ebengenannten Guelma [2]), endlich gar nur in 1—2 (nach Anderen ¾) Stunden Entfernung von dem französischen Militairposten Mschez Ammar aus zahlreichen Mündungen an dem rechten Ufer eines kleinen Flüfschens, des Oued Shedakra, eines Zuflusses des Seybousflusses, zu Tage kommen und bei den Eingeborenen Hammam el Meskutin, d. h. die verwünschten oder bezauberten Bäder [3]) des höchst eigenthümlichen und befremdenden Eindrucks wegen genannt werden, den ihre Umgebung auf den Besucher macht, und durch welchen sie zum Gegenstande mannigfacher Volkssagen geworden sind. Obwohl unter dem Namen der Aquae Tibilitanae schon den Römern bekannt [4]) und viel mehr als

---

[1]) Peyssonel et Desfontaines I, 283.

[2]) Ein neuerer Beobachter, der französische Oberarzt Hutin, versetzt jedoch diese Quellen in nur 2 Stunden Entfernung von Guelma.

[3]) Von dem arabischen Worte maskout verwünscht.

[4]) Fortia d'Urban 11, 294. Es ist diese auch durch einen der unterrichtetsten und eifrigsten neueren Forscher in Algerien, den General Pellisier, vertretene Ansicht über die Identität der Aquae Tibilitanae mit den Hammam Meskutin (Exploration scientifique de l'Algérie pendant les années 1840, 1841 et 1842. Mém. histor. et géogr. Paris 1842—1844. VI, 381) vorzugsweise auf die von der Pentingeriana angegebene Entfernung jener Thermen des Alterthums gegen den Ort Calama gegründet, indem dieselbe genau mit der der Hammam

die Hammam Berda im Alterthume benutzt, wie die aus den Zeiten der römischen Herrschaft übrig gebliebenen zahlreichen Reste prachtvoller Baulichkeiten erweisen, verdanken wir doch erst der französischen Occupation Constantines im Jahre 1837 eine gründliche und wissenschaftliche Kenntnifs ihrer Natur, nachdem im verflossenen Jahrhundert die verdienten Forscher in Nord Africa Shaw [1]), Hebenstreit [2]) und Poiret [3]) sie bereits besucht und einige ihrer interessantesten Verhältnisse geschildert hatten. Eine ganze Reihe neuerer Reisenden, unter denen die französischen Oberärzte Hutin [4]) und Guyon [5]), Capt. Boblaye [6]), der englische Capt. Kennedy [7]), endlich Sedillot [8]), Combes [9]), Wagner [10]), Niel [11]), Renou [12])

Meskutin gegen das mit Calama identische Guelma übereinstimmt, und weil selbst die bei den verwünschten Bädern in neuerer Zeit gefundenen ausgedehnten römischen Ruinen vielmehr, als die Ruinen an den Hammam Berda der Bedeutung entsprechen, welchen der Ort der Aquae Tibilitanae im Alterthum nach dem in der Peutingerschen Charte ihm beigesetzten caracteristischen Zeichen gehabt haben mufs. Freilich ist nicht unerwähnt zu lassen, dafs mehrere andere Reisende in Algerien, wie Peyssonel (a. a. O. I, 283), der römische General Consul Calza in seiner verdienstvollen Schrift über Algerien (Algeria del Car. Vincenze Calza. Roma 1844, 162), so wie Wagner sich für die Identität der Berdathermen mit den Aquae Tibilitanae erklärt haben.

1) A. a. O. 149—150.

2) Bernouilli XI, 394—395.

3) Voyage en Barbarie. 2 Vol. Paris 1785. I, 153—157.

4) Comptes rendus 1837. IV, 654.

5) Ebendort 1839. VIII, 33.

6) Bull. de la Soc. géol. de Fr. XI, 129—130; Compt. rend. VII, 241.

7) Algeria and Tunis II, 233.

8) Comptes rendus. 1837. V, 555—60.

9) Comptes rendus 1842. XIV, 334.

10) I, 305—314.

11) Bull. de la soc. géol. de Fr. XI, 129—130.

12) Annales des Mines. 4. Ser. IV, 537.

und neuerdings Gervais [1]) die bemerkenswerthesten sind, hat denselben ihre Aufmerksamkeit geschenkt und von ihnen Beschreibungen geliefert; vor Allem wichtig wurde aber Tripiers Analyse [2]) derselben, indem sich dabei ganz neue und für die allgemeine Natur der Thermen bisher noch unbekannte mineralische Elemente derselben ergaben, die sehr bald zu neuen Aufschlüssen über die Zusammensetzung noch anderer Mineralquellen der Erde führten. Merkwürdig ist hierbei aber, dafs die mannigfachen Berichte, die wir aus dem Mittelalter in den Werken arabischer Geographen über Nord Africa besitzen, mit keiner Sylbe der Hammam Meskutin gedenken, obwohl die aufserordentlichen Anhäufungen höchst eigenthümlicher Steinbildungen aus den Niederschlägen der Thermen in der ganzen Umgebung weit und breit bekannt sind und wohl hätten vermuthen lassen, dafs grade deren wunderbare Gestalten die Aufmerksamkeit der arabischen Berichterstatter, welche stets das Wunderbare mit Vorliebe erfafsten, auch auf diese Thermen hätte lenken müssen. — Schon aus den Berichten der Reisenden des verflossenen Jahrhunderts erfahren wir, dafs sich hier aus den aufsteigenden Dünsten an den benachbarten Bäumen und Sträuchern Steinmassen niederschlagen und sie mit schönen Kalkstalactiten überziehen. Aufserdem fanden dieselben Beobachter in dieser Gegend zahlreiche Steinkegel den Boden bedeckend, aus deren Spitze das Thermalwasser in Canälen von 2 Fufs Durchmesser hervorbrach. Nächstdem nahm zuerst Shaw eine ganze, durch Absätze derselben Art aus den heifsen Quellen über einem holen Raum gebildete Decke wahr, welche schon bei dem Hinüberreiten an einer gewissen Stelle so hohl klingt, dafs der Reisende

---

[1]) Institut. Paris 1849. XVII, 11—12.

[2]) Comptes rendus 1839. XI, 602. Tripiers Analyse theilt auch Kennedy, der sie in Algerien erhielt, mit, ohne den Namen ihres Urhebers zu kennen.

den Schall mit einem ähnlichen an der Solfatara zu vergleichen bewogen wurde. Uebereinstimmend mit diesen älteren Angaben beschrieben nun in neuerer Zeit auch Combes und Sedillot ein durch Thermalabsätze gebildetes Plateau von 300 Fufs Stärke, das stark bewegt einen klingenden Ton gab und vorzugsweise aus einem blendend weifsen, stellenweise aber auch aus einem rosenroth gefärbten und dem bunten Marmor völlig ähnlichen Gestein bestand [1]), welches nach Renous bestimmter Angabe theils Aragon, theils Gyps ist. Uebereinstimmend ferner mit den älteren Beobachtern fanden unter den neueren Sedillot 4—500 blendend weifse, zuckerhutartig gestaltete an ihrer Spitze durchbohrte Kegel [2]) von 2—3, gröfstentheils aber von 15—18 [3]), ja selbst von 25 Fufs Höhe und meist in 15 F. Entfernung von einander auf der plateauartigen Decke aufgesetzt. Wagner fand deren Gestein aber nicht allein weifs und röthlich, sondern sogar in allen Nüancen röthlich weifs, und bis in das dunkelste Aschgrau übergehend und zugleich in den ältesten Kegeln von so ungemeiner Härte, dafs er es mit dem Granit verglich [4]), während in jüngst erst vollendeten Kegeln und an den den Mundlöchern nächsten Stellen die Masse gradezu schneeweifs von ihm genannt wird. Es wird hieraus klar, dafs nur ein Mangangehalt die Färbungen bewirkt hat, und dafs der fortgehende Einflufs der Atmosphäre eine immer weiter fort-

---

[1]) Die marmorähnliche Beschaffenheit des Gesteins erwähnt auch Calza (161), der hinzufügt, dafs die Wände der krystallinischen Canälchen mit Tausenden von Farben das Licht reflectiren.

[2]) Gervais gibt die Anzahl dieser Kegel viel geringer, nämlich nur zu 100, Combes gar nur zu 60 an. Eine Abbildung derselben liefert Niel (a. a. O. Taf. I. Fig. 15.).

[3]) Gervais setzt ihre Gröfse durchschnittlich zu 2 Mètres.

[4]) Auch Gervais fand die Härte der Masse in den jüngeren Kegeln viel gröfser, als in den älteren (a. a. O. 11).

gehende Zersetzung der Mangancarbonate im den festen Niederschlägen zur Folge hat, wodurch sie in dunkle Oxyde umgewandelt werden und die Färbung immer bestimmter hervortritt, grade wie ähnliche Beobachtungen im Nassauschen in neuerer Zeit bei der fortschreitenden Zersetzung manganhaltiger Dolomite gemacht worden sind [1]. Wagner glaubte übrigens aus dem Bildungsmodus der Masse der Kegel und der Härte des Gesteins in einigen Kegeln sogar einen Anhalt für die Bestimmung des Alters derselben zu haben, und er meinte z.B. einigen Kegeln ein Alter von 2000 Jahren beilegen zu dürfen. Die Bildung der Kegel erfolgte auf die Weise, dafs wenn an einer Stelle des Plateaus heifses Wasser hervorbricht, bald um die Ausbruchsöffnung ein kreisförmiges Becken aus den steinigen Niederschlägen entsteht, worin das Wasser fortwährend kochend bewegt ist. Die Ränder des Beckens erheben und verengen sich allmählig, bis sie sich zuletzt zu einem förmlichen Kegel ausbilden, dem meist noch eine Ausbruchsöffnung an der Spitze bleibt [2]. Schliefst sich auch diese [3], so bricht sich das Thermalwasser an einer anderen Stelle des Plateaus einen Weg zur Oberfläche. Ueberhaupt ist die Wasserfülle so bedeutend, dafs ein Schlag mit einer Hacke bereits Veranlassung zur Bildung eines neuen Quellenarms gibt [4], und wirklich soll die jetzige Hauptquelle zufällig auf diese Weise entstanden sein, da man bei der

[1] Grandjean in Leonhard und Bronns Jahrbuch der Mineralogie 1844. 545.

[2] Niel a. a. O. 130; Wagner I, 307; Sedillot V, 556.

[3] Zuweilen bleibt von dem Canal noch ein Loch an der Spitze des Kegels übrig, das sich mit Dammerde füllt, worin Granatbäume wachsen, welche durch ihr frisches Grün einen merkwürdigen Contrast gegen das einförmige dürre Ansehen des natürlichen Steinbehälters bilden.

[4] Shaw 150; Kennedy II, 223; Wagner I, 308.

geringen Stärke der Decke das Wasser fortwährend darunter kochen hört [1]). Kegel entstehen aber nach Aussage der Eingeborenen jetzt nur noch selten, und Niel behauptet sogar, dafs der Hauptbruch das Thermalwasser sich nunmehr auf eine einzige Stelle des Plateaus reducirt [2]), wo dasselbe einen 40 Fufs über dem Spiegel des benachbarten Oued Schedakra erhabenen und von Dampf stets umhüllten Hügel mit stufenförmigen Absätzen gebildet hat, über welche es in schönen Cascaden herabstürzt [3]). Dadurch wird eine Naturerscheinung hervorgebracht, deren künstliche Nachbildung man in Frankreich ein Chateau d'eau nennt. Wagners Bericht zufolge nimmt der grofse Hügel noch fortwährend an Höhe und Umfang zu und derselbe vergleicht ihn seiner spitzen und sonderbar geformten Figuren wegen sogar mit beschneiten Alpengipfeln. Auch in ihm ist die Masse blendend weifs, wie in den kleinen Kegeln, und nur stellenweise wird sie durch Schwefelabsätze angeblich gefärbt [4]). Das Heraustreten des Thermalwassers soll jetzt aufserhalb, d. h., vorzugsweise am Rande des Plateaus in starken, zahlreichen Strömen stattfinden [5]), welche vereinigt den noch in einigen 100 Schritt Entfernung 75° C. warmen Oued

---

[1]) Niel 130; Calza 161.

[2]) Hebenstreit versicherte im Beginne des vorigen Jahrhunderts dafs sich unter den unzähligen Quellen dieser Localität besonders 6 durch Stärke und Schönheit auszeichnen.

[3]) Niel 130; Calza 161; Kennedy II, 223; Tripier a. a. O. 600.

[4]) Der starke Kalkabsatz und die zuckerhutförmige Form der Hügel erinnert an ähnliche reichhaltige Bildungen der berühmten Kalksäuerlinge von Rodna in Siebenbürgen, welche eine bedeutende Zahl kegelförmiger Hügel um ihre Mündungen erzeugen und sich zuletzt nicht mehr aus der Ebene, sondern von der Spitze der Kegel herab ergiefsen (Tamnau in Leonhards Jahrb. 1836, 45).

[5]) Auch Gervais sagt, dafs das Kalkplateau jetzt kein heifses Wasser mehr liefere.

Schedakra bilden [1]), welcher bei der arabischen Bevölkerung auch den Namen des warmen Bachs (Oued Hammam) nach **Peyssonel** oder des verwünschten Bachs (Ouad el Meskutin) nach **Calza** und **Wagner** erhalten hat [2]) und sich mit dem Seybousflusse sehr bald vereinigt. **Calza** erwähnt aufserdem in dieser Localität, wo nach dem übereinstimmenden Zeugnisse aller Reisenden überall dicke Dämpfe emporsteigen [3]) einen senkrechten Abgrund von mehr als 20 M. Tiefe und voll von Thermen, die stufenweise in Becken fallen und dem Ganzen das Bild einer pittoresken Cascade verleihen [4]). Die Dämpfe sind, wie schon ihr Geruch erweist, mit Schwefelgas verunreinigt, und bestehen nach **Tripiers** Analyse, der in 100 Volumtheilen 97 Proc. kohlensaures Gas, 2,5 Proc. Stickgas und 0,005 Schwefelwasserstoffgas ermittelte, also wesentlich aus dem ersten Gase. Im Wasser selbst ist der Schwefelgehalt ebenfalls so gering, dafs **Sedillot** den Genufs des Wassers sehr angenehm fand und gar keinen Schwefelgeschmack erkannt zu haben scheint [5]). Dagegen ist

---

[1]) Nach **Gervais** wird die Temperatur des Bachs durch die Hammam Meskutin auf 36—40° C. erhöht. S. 12.

[2]) **Calza** 161; **Peyssonel** et **Desfontaines** I, 284. Den Namen Oued Schedakra finde ich nur bei **Gervais** (12).

[3]) **Shaw** 179; **Niel** 130; **Sedillot** 556.

[4]) Auch hiervon liefert **Niel** eine Abbildung (Bull. de la soc. géol. de Fr. 1840. XI. Tab. I. 16.).

[5]) Ganz entgegengesetzt dieser Angabe meint **Wagner** (I, 308), dafs die Hammam Meskutin ziemlich viel Schwefelwasserstoffgas führen, und **Gervais** fand den Geruch danach stark. Nach **Tripier** hat ein Becken mit schlammigem Wasser von 52° Temperatur noch einen höheren Schwefelgehalt, als die übrigen warmen Quellen, die **Calza** gleichfalls schweflig und zugleich klar fand. Wodurch aber die von **Wagner** angeblich beobachteten schwarzen Dämpfe diese höchst auffallende Färbung erhielten, dürfte in der That schwer anzugeben sein.

der Gehalt an Alcalien in den Hammam Meskutin sehr bedeutend, indem Tripiers Untersuchung erwies, dafs die heifsen Rückstände eines Litre verdampften Thermalwassers aus 0,41560 Chlornatrium, 0,07864 Chlormagnesium, 0,01839 Chlorkalium, 0,01085 Chlorcalcium, 0,38086 wasserfreiem schwefels. Kalk, 0,17653 schwefels. Natron, 0,00763 schwefels. Magnesia, 0,00150 kohlens. Strontian, 0,25722 kohlens. Kalk [1]), 0,04235 kohlens. Magnesia, 0,00050 Arsenik als Metall berechnet, 0,07000 Kieselerde und 0,06000 organischer Materie mit Spuren von Fluorüren und Eisenoxyd bestehen [2]). Entsprechend diesem Mineralgehalt der Therme zeigten sich auch deren Absätze, die wesentlich Kalkcarbonate mit Beimengungen von Gyps, kohlensaurem Strontian, einem kleinen Quantum Magnesiacarbonat, erdigen Substanzen, Manganoxyd, Fluorcalcium und Arsenik waren [3]). Die Auffindung des letztgenannten Elements im Thermalwasser war nun ohne Zweifel das merkwürdigste Resultat von Tripiers Untersuchung und kam so unerwartet, dafs selbst 2 verdiente Chemiker Henri und Chevallier an seiner Richtigkeit zweifelten, da es ihren Untersuchungen anfänglich nicht gelang, einen Arsenikgehalt in den

---

[1]) Der überreiche Kalkgehalt der in Rede stehenden Therme ergibt sich schon aus dem weifsen Kalkhäutchen, womit sich deren Oberfläche bei ihrem Emportreten an die Atmosphäre bedeckt. Diese Erscheinung ist übrigens ganz analog dem blauen Eisenüberzuge, welches sich, wie früher angegeben, auf der Oberfläche der südafricanischen Stahlthermen sofort bei ihrem Emporquillen erzeugt.

[2]) Comptes rendus 1839. IX, 602 und im Journal de Chimie médicale 1840. VI, 278.

[3]) Comptes rendus 1838. VIII, 255; Journ. de Chim. méd. 1839. V, 183. Bei dem grofsen Reichthum der Hammam Meskutin an Kalk war Tripiers Vermuthung, dafs das Arsenik als arsenige Säure an den Kalk und Stronfian gebunden sei (Journ.

kalkigen Concretionen unserer Therme nachzuweisen [1]). Erst 5 Jahre später vermochten sie diefs, sowohl in Bezug auf den Concretionen, wie auch in Bezug auf die löslichen Salze der Thermen [2]). Indem aber auch Schwefel und Schwefelkies sich in den Absätzen derselben finden [3]), müssen diese Körper gleichfalls zu ihren Producten gehören. Ob endlich noch Gleiches für die Bleierze und die Fülle von Antimonsulfüren gilt, die in der Nähe der Hammam Meskutin angeblich vorkommen [4]), ist nicht mit Bestimmt-

---

de Chim. méd. V, 184) die wahrscheinlichste. Da jedoch die nach Tripiers Entdeckung eifrigst fortgesetzten chemischen Forschungen von Walchner (Liebig und Wöhler Annalen der Pharmacie 1844. LXI, 205 — 208), Flandin und Figuier (Comptes rendus XXIII, 818), Chatin (ebendort XXIII, 932) ferner von Bley und andern über die Anwesenheit des Arseniks in deutschen und französischen Mineralquellen zu dem Resultate führten, dafs dasselbe in allen eisenhaltigen Wassern vorkomme, ist es gar nicht unwahrscheinlich, dafs auch in unserer Therme das Arsenik in näherer Beziehung zum Eisen steht, indem ungeachtet der sehr geringen Quantität Eisen, welche bei den Analysen der Hammam Meskutin vorgefunden wurde, dieselbe doch zureichte, im Laufe der Zeit eine ausgedehnte Schicht Eisenocker von 1 Centimeter Dicke am Fufse der Kalkkegel zu bilden (Boblaye in den Comptes rendus VII, 242; Bull. géol. XI, 131; Gervais 12) und weil die Untersuchung der Wiesbadener kochsalzreichen Thermen erwies, dafs das Arsenik derselben sich nur mit dem niedergeschlagenen Eisen aus der Auflösung ausscheidet. In Bezug auf die Hammam Meskutin hat dann Flandin und Figuiers allgemeine Vermuthung, dafs das Arsenik in allen warmen und kalten Mineralquellen zuvörderst mit den Alcalien lösliche Salze bildet, die sich erst bei dem Zutritte der Luft zersetzen, wobei die arsenige Säure an das Eisen trete und damit als unlösliches Arseniat niederfalle, sicherlich ihre völlige Anwendbarkeit.

[1]) Journ. de Chim. méd. V, 402.

[2]) Ebendort 1845. I, 344 und Comptes rendus XXIII, 683.

[3]) Poiret I, 154. Renou Ann. des Mines. 4. Ser. IV, 538.

[4]) Kennedy II, 225.

heit zu behaupten [1]), dürfte jedoch schwerlich erweislich sein, wenn es auch bekanntlich in neuester Zeit gelungen ist, in einigen Mineralquellen einen Antimon- und Bleigehalt nachzuweisen und das ungemein häufige Vorkommen das

---

[1]) Seitdem durch die bekannten Untersuchungen von Pepys, Meineke, Bischof u. a. der wäfsrige Ursprung vieler Schwefelkiese durch eine Reduction von Eisensalzen mittelst bituminöser Materien unzweifelhaft geworden ist, mufs man auch die Bildung dieses Mineralkörpers in den rund um die Hammam Meskutin sehr verbreiteten Süfswassertuffen (Ann. des Mines. 4. Ser. IV, 557) vollkommen begreiflich finden. Die Elemente des Schwefelkieses finden sich nämlich im Ueberflusse im Thermalwasser vor, und zugleich erweisen die von Boblaye (Comptes rendus 1838. VIII, 240; Bull. de la soc. géol. de Fr. XI, 130, 131) und Renou in den aus den algerischen Thermen abgesetzten Tuffen aufgehäuft gefundenen pflanzlichen und thierischen Reste, dafs bei der Bildung der Tuffe wirklich hinlänglich organische Substanzen vorhanden waren, um die Entstehung des Schwefelkieses zu ermöglichen. In gleicher Weise dürfte die Bildung des hier eingewachsenen Schwefels zu erklären sein. In wieweit jedoch dieser Bildungsmodus schon in der Vorzeit bei den gröfseren Schwefelmassen stattgefunden hat, welche nach dem Berichte eines neueren englischen Reisenden Lord (Algier with notes of the neighbouring states of Barbary by Percival Lord. 2 Vol. London 1835. II, 210) in der Nähe der algerischen heifsen Quellen vorkommen sollen, dürfte erst durch spätere sorgsame Untersuchungen der hiesigen Localitäten zu ermitteln sein. Jedenfalls ist es hierbei nicht überflüssig zu erinnern, dafs schon Shaw (S. 151) in den nordwestafricanischen, von ihm besuchten Landschaften aufser heifsen Schwefelquellen die Fülle des vorkommenden Schwefels erwähnt, den man damals trotzdem aus Europa bezog, dafs ferner Leo Africanus (Ed. Elzevir 770) von dem Ueberflusse einiger Theile Nord Africas an Schwefel, freilich ohne Angabe einer bestimmten Localität sprach, endlich dafs in neuerer Zeit Max Braun bei der Untersuchung der Schwefelablagerungen von Teruel in Aragonien (Bulletin de la Soc. de Géol. de Fr. 1841. XII, 171—174) zu der bestimmten Ansicht

eingesprengte Vorkommen des eingesprengten Bleiglanzes in den Arkosen von Alençon in der Normandie, wie ich

---

gelangte, dafs dieselben auf neptunischem Wege entstandene Massen seien. Wäre besonders die letzte Ansicht gegründet, welche dadurch noch mehr Interesse für das Verständnifs der Verhältnisse des algerischen Schwefels erhält, dafs die Kreidemassen der nordafricanischen Küstenländer völlig dieselben mit denen des nördlichen Spaniens sind, so stellte sich in der That ein ziemlich ausgebreiteter Entstehungsmodus des hiesigen Schwefels auf wäfsrigem Wege heraus, da bei der völligen Abwesenheit der plutonischen Gesteinmassen in den Umgebungen dieser Localität die Bildung des Schwefels nicht direct von feurigen Processen scheint abgeleitet werden zu können, wenn auch die Schwefelthermen selbst einem fortwährend in der Tiefe wirkenden Processe solcher Art ihren Ursprung verdanken. Sehen wir aber das dem hiesigen ganz an die Seite zu stellende jugendliche Auftreten des Schwefels in den fortwährend entstehenden Gypsmassen am rothen Meere (S. vorhin S. 108), bei deren Bildung thierisch organische Substanzen sicherlich nicht ohne Antheil bleiben und zugleich die Fülle der nach Boblaye und Renou in allen älteren algerischen Tuffen vorhandenen pflanzlichen und thierischen Reste, ferner die von Burton mit krystallinischem Schwefel in den Nummulitenkalken Ober Aegyptens beobachteten Knollen vegetabilischer Materie (S. 107), endlich M. Brauns Angaben über seine Auffindung thierischer Reste in den Schwefelablagerungen von Teruel, so wird es höchst glaubhaft, dafs ein grofser Theil der älteren Schwefelmassen Nord Africas nur erst secundaire Producte des vulcanischen Processes im Erdinnern sind, und dafs sie gleich dem Schwefel an den Hammam Meskutin aus den Schwefelsalzen vorzeitlicher Thermen durch einen von den einst vorhanden gewesenen organischen Wesen eingeleiteten Zersetzungsprocefs entstanden. Sehr kurz und treffend drückt sich über diesen Bildungsprocefs des Schwefels auf neptunischem Wege ein neuerer französischer Forscher Fontan aus, welcher die Schwefelquellen in einem grofsen Theile von Europa der Untersuchung unterworfen hat, indem er sagt: Ainsi, quand les plâtres se trouvent en contact avec des matières organiques, il s'en de-

mich selbst überzeugt habe, entschieden auf die Möglichkeit der neptunischen Bildung vieler Schwefelbleie hinweist, da die kiesligen Massen der Arkose mit den deutlichsten Spuren organischer Reste vollkommen erfüllt sind [1]). In Bezug auf die Temperatur der Hammam Meskutin stimmen die neueren Angaben mit den älteren darin überein, dafs sie dieselben in die Nähe des Kochpunkts versetzen. Wie Poiret, gibt nämlich Boblaye die Temperatur zu 90° C., Niel zu 94,4, Desfontaines [2]) zu 96,3, Gervais zu 95, Guyon zu 95 [3]) und 97,7, Tripier [4]) endlich in Uebereinstimmung mit Calza und Wagner die Temperatur der heifsesten Quelle sogar zu 100° an. Man vermag Eier in der Therme hart zu sieden und Gemüse gar zu kochen, ja Shaw gelang es schon, eine Hammelbrust in einer

gage de l'hydrogène sulfuré, il s'y forme des depôts de soufre (Comptes rendus. 1841. XII, 939). In wieweit endlich derselbe Entstehungsmodus auf den Schwefel Maroccos Anwendung findet, wo dieser nach Jacksons Erkundigungen sich am Fufse des Atlas bei Tarudant in Fülle vorfinden soll (Account of Marocco. London 1811, 129; ein anderer neuerer Berichterstatter über Marocco, Graberg af Hemsö in seinem Werke: Mogrib el Aksa oder das Kaiserthum Marocco, übersetzt von Reumont. Stuttgart 1834, 17 gibt jedoch damit im Widerspruche an, dafs der Schwefel in Marocco sehr selten sei), ist vorläufig bei dem völligen Mangel geognostischer Beobachtungen über das südliche Marocco nicht zu bestimmen.

[1]) Walchners und Wills Auffindung des Antimons in den Thermen von Wiesbaden (Liebig und Wöhler Ann. d. Ch. u. Pharm. XLVI, 198—204, 206), nachdem Bauer nicht unbeträchtliche Quantitäten von Antimon zuerst in einer Mineralquelle des Canton Lucern ermittelt hatte (Jahrb. für pract. Pharm. München XC, 411) ist in der Hinsicht von hohem Interesse. Tripier hat auf einen Antimongehalt der Hammam Meskutin noch nicht Rücksicht nehmen können.

[2]) Comptes rendus 1838. VII, 210.

[3]) Ebendort 1839. XI, 602.

[4]) Comptes rendus IX, 601; Journ. de Pharmacie méd. VI, 277.

Viertelstunde im Thermalwasser sehr weich kochen zu lassen. In dieser Hinsicht stehen also einige der hiesigen Thermenäste den Geysern in Island gleich, ja sie übertreffen sogar, wie es scheint, die berühmten durch Al. von Humboldt zuerst bekannt wordenen Aguas calientes de las Trincheras in Süd America, welche bisher zu den heifsesten des Erdbodens gerechnet worden waren [1]). Da hier Dünste aus allen Spalten des Gesteins hervorbrechen, so ist es im höchsten Grade wahrscheinlich, dafs sich auch hier das Thermalwasser erst in der Nähe der Oberfläche durch die aus der Tiefe des Erdkörpers emporsteigenden Dämpfe bildet [2]). Aufser den erwähnten heifsen Quellen gibt es jedoch in dieser Gegend noch einige andere warme, von denen eine nach Sedillot [3]) sogar nur 23° am Thermometer zeigte, und bereits Shaw [4]) versicherte, dafs es

[1]) Auch Wagner I, 308 sagt ausdrücklich, dafs die Hammam Meskutin zu den heifsesten Quellen der Erde gehören, doch hat nach ihm nur die Temperatur eines neuen Sprudels im Augenblicke seines Hervorbrechens 100°, während die aller übrigen selten 87°,5 C. übersteigt. Mit diesen hohen Temperaturbestimmungen stimmt übrigens die älteste bekannte der hiesigen Thermen überein, die sich nach den Comptes rendus IX, 601 in einem 1702 zu London publicirten, mir aber durchaus unbekannten Werke findet, indem ihr zufolge die Temperatur damals bis auf 5 und 4, ja sogar bis auf 3° dem Siedepunkte nahe befunden wurde.

[2]) Breislaks bekannte Beobachtungen über die Bildungen von heifsem Wasser aus condensirten Wasserdämpfen in der Solfatara von Puzzuoli und Dolomieus vorhin erwähnte noch ältere über das Hervorbrechen von Wasserdämpfen und Quellen siedenden Wassers auf Pantellaria erweisen bestimmt die Möglichkeit einer solchen Bildungsweise der Thermen.

[3]) Comptes rendus IV, 654.

[4]) S. 63.

unter den heifsen hiesigen Quellen andere von so geringer Temperatur gebe, dafs sie im Verhältnisse zu jenen intensiv kalt erschienen. Auch in den Bassins ist die Temperatur der oberen und unteren Wasserschichten zuweilen namhaft verschieden, indem sie in einem Becken oben so hoch war (56°), dafs eine eingetauchte Hand verbrannte, während in den unteren Schichten nach Tripiers Beobachtung Barben leben, welche derselbe beim Anfühlen warm fand, und die gekocht einen weichen und faden Geschmack hatten [1]). Einige hundert Schritte selbst unterhalb des Vorkommens der Fische ist das Wasser fortwährend so heifs, dafs man nur mit Mühe die Hand darin halten kann. Wo das Thermometer noch 48° zeigte, gedeihen am Rande des Thermalwassers Oleanderbäume (lauriers

---

[1]) Nach Gervais Beobachtung laufen an den Wänden der Steinkegel, da, wo das heifse Wasser hervorbricht, kleine Spinnen, wie ihm schien, aus der Gattung Lycosa umher, die sich sogar in die mit siedendem Wasser erfüllte Mündung der Kegel wagten. Kleine Coleopteren fanden sich auf dieselbe Weise in den Ritzen der heifsen Kalksteine der Kegel wohnend. Cryptogamen wuchsen in dem 57° heifsen Wasser der Cascade. In dem warmen Bache sah endlich Gervais Aale, zahlreiche Cyprinen, namentlich Barbus setivinensis, Frösche (Rana esculenta), Krabben (Telphusa fluviatilis), dieselben wie in den benachbarten Bächen, endlich Crustaceen von der Gattung Cypris. Alle vermochten sehr leicht aus dem Wasser der gewöhnlichen Temperatur in ein solches überzugehen, worin die eingetauchte Hand nicht 15—20 Secunden gehalten werden konnte, aber sie vermieden doch meist die raschen Temperaturübergänge. Besonders die Cyprisindividuen hielten sich in grofser Menge an solchen Stellen zwischen Conferven auf, wo man die Hand im heifsen Wasser nicht ohne ein ziemlich lebendiges Gefühl des Brennens halten konnte. A. a. O. XVII, 13. Gelegentlich führt Gervais an, dafs er auch in den Hammam Berda einige Entomostraceen, viele sehr kleine Paludinen, eine Planaria und eine Nais gefunden habe.

roses) vortrefflich und es finden sich an einer Stelle, wo dasselbe 45° Wärme hatte, sogar kräftig entwickelte Dattelbäume als deutlicher Beweis des Einflusses, welchen die Temperatur der warmen Flüssigkeit auf die des Bodens auszuüben vermag [1]). — Plutonische oder vulcanische Gesteine kennt man übrigens in der Nähe des Hammam Meskutin gar nicht, und es besteht die ganze Umgebung, wie der gröfste Theil des Atlas, nur aus Gliedern der Neocomienformation, wesentlich also aus Fucoidenmergeln und eisenschüssigen Sandsteinen [2]). Da in medicinischer Hinsicht die hiesigen Thermen bei Rheumatismen und Knochenkrankheiten ungemein wirksam sind, so sah sich die französische Regierung bald nach der Besitznahme Constantines veranlafst, hier ein Etablissement für Kranke und Verwundete der Armee unter Aufsicht eines Arztes anzulegen [3]). — Ein bemerkenswerthes und unzweifelhaft nur durch den überreichen Gehalt der Thermen an Gasen zu erklärendes Phänomen ist endlich das intermittirende Strömen derselben, indem sie 10 Minuten lang continuirlich fliefsen, und solchen Flufsperioden zunächst 10 Minuten lange Pausen folgen. In früheren Zeiten mufs die Verbreitung und Stärke der hiesigen Thermen viel bedeutender gewesen sein, indem sich noch auf dem Plateau des rechten Ufers des Seybous piramidale Steinkegel, gleich den hiesigen, vorfinden, die sicherlich denselben Ursprung haben, in deren Nähe aber jetzt keine Thermen mehr vorhanden sind. Ja selbst bis in die Nähe von Guelma setzen gleiche Kalktuffe fort, und es erscheinen dort in den unteren Lagen der entfernteren Ablagerungen angeblich dieselben

[1]) Poiret I, 154—156.

[2]) Boblaye Bull. de la soc. de géol. Fr. XI, 130, 131; Comptes rendus 1838. VII, 240.

[3]) Kennedy II, 222.

Massen, wie in den jugendlichen Absätzen der Hammam Meskutin [1]).

Näher Constantine, nur 2 Stunden davon, gibt es zwischen diesem Orte und der Küste auf der rechten Seite der nach Philippeville führenden Heerstrafse abermals Quellen von höherer Temperatur mitten zwischen Anhäufungen gerundeter kleiner Steinfragmente an einem Hügel, welcher ein Kabylendorf trägt. Dieselben treten hier mit einiger Heftigkeit zu Tage und vereinigen sich zu einem See, der einen noch warmen Bach, einen sogenannten Warmbach (Oued Hammam) entläfst. Obwohl gleich beim Ursprunge diese Quellen nur eine die gewöhnliche Lufttemperatur um 5—6° übersteigende Temperatur haben, so besitzt der Bach bei seinem Austritte doch noch eine Wärme von 28°, die sich allmählig so weit verringert, dafs das Wasser bei seinem Eintritte in den Rummel zum Bewässern benutzt werden kann. Die Quellen tragen wesentlich zu der Bildung einer kleinen, aber aufserordentlich schönen, pflanzenreichen und von allen Seiten durch dürre Landschaften umgebenen Oase von $\frac{3}{4}$ St. Länge und $\frac{1}{4}$ St. Breite bei, da diese von dem Bach in ihrer ganzen Erstreckung durchzogen wird. Von der chemischen Beschaffenheit der Quellen erfahren wir aber durch Calza, dem einzigen Autor der von ihnen spricht [2]), gar nichts.

In der weiteren Erstreckung des Thermenzuges westlich Mschez Hammar kommen aufserdem warme Quellen dicht bei Constantine selbst vor, wo sie zuerst durch Peyssonel [3]) beobachtet wurden, der eine derselben am Fufse einer 300 Fufs hoch unmittelbar unter der Stadt senkrecht ansteigenden Felswand kennen lernte. Von gar keinem römischen Schriftsteller erwähnt, war sie

---

[1]) Wagner I, 309.

[2]) S. 159.

[3]) Peyssonel et Desf. I, 304.

dennoch den Römern nicht unbekannt geblieben, welche zum bessern Gebrauch dieselbe in einem Bassin gesammelt und mit einem Gerölle überdeckt hatten. Bald nach Peyssonel besuchte Shaw [1]) die nämliche Quelle, welche nach ihm den Namen Sidi Mimon bei den Eingeborenen nach einem Marabout führt, dessen Grabmal sich hart an ihr findet. Er nannte sie lau. Endlich führte dieselbe Therme noch Desfontaines [2]) als eine Stahlquelle an, welche zur Heilung rheumatischer Beschwerden und von Wunden diene. In neuerer Zeit, besonders seit Constantines Eroberung, kommen nun Nachrichten über die Thermen des östlichen Algeriens häufiger vor, und so wird auch von dieser berichtet [3]), dafs sie unter dem 220 Meter hoch ansteigenden Felsen, worauf die Casbah, die Citadelle Constantines steht, am Boden einer Schlucht und zugleich unter einem von den Römern im festen Felsgestein ausgehauenen Bogen zu Tage trete, sich dann in einem 16 Fufs langen und 3 Fufs tiefen Becken sammle und von der einheimischen Bevölkerung zur Heilung von Wunden und rheumatischen Schmerzen benutzt werde. Der erste wissenschaftliche Europäer aber, der in neuerer Zeit nach der Uebergabe Constantines diese Stelle besuchte, war Wagner [4]), welcher von der Sidi Mimum auch von ihm genannten Quelle berichtet, dafs sie, gleich wie die ihr benachbarte Ain (Quelle) el Ghadir eine Temperatur von 36°,26 nach seiner Messung besitze, und der übereinstimmend mit Peyssonel [5]) bemerkte, dafs Schildkröten in dem Wasser le-

---

[1]) S. 62.

[2]) Peyssonel et Desf. II, 336.

[3]) Aus dem Journal le Toulonais in den Constitutionel vom 7. Januar 1838 (Suppl.) und von da in Peyss. et Desf. I, 330 (speciell I, 336) übergegangen.

[4]) I, 351.

[5]) Peyssonel et Desf. I, 305.

ben. Später wurde die Therme auch von Kennedy [1]), Calza [2]) und Boblaye [3]) erwähnt. Nach den beiden Ersten soll am Fufse der Casbah nicht eine Quelle, sondern sogar eine ganze Menge warmer Quellen entspringen, was mit Peyssonels und Wagners Erwähnung [4]) der zweiten Quelle an der Nordwestseite Constantines, worin ebenfalls Schildkröten leben, recht wohl übereinstimmt. Diese zweite Therme ist es, die muthmafslich mit der ersten vereinigt die sogenannten Gärten des Sala Bey bewässert und deren Localität zu einer der reizendsten Punkte bei Constantine macht. Zweifelhaft ist mir aber, ob auch gewisse klare, durch einen gewissen Lerue de Bory bei Constantine erwähnte [5]), nach ihrer Localität aber nicht genauer von demselben bestimmte warme Quellen mit den eben beschriebenen identisch sind, da sie in Becken hervortreten, welche im Gypse angeblich ausgehauen sind, während nach den übereinstimmenden Berichten aller Reisenden der Fels der Constantiner Casbah nur aus Kalkstein besteht [6]), ja auch nach Kennedys ausdrücklicher Versicherung die von ihm am Fufse der Casbah angetroffenen warmen Quellen aus demselben kalkigen Gestein zu Tage treten, wenn gleich wir allerdings wissen, dafs Steinbrüche auf Gyps nur in geringer Entfernung davon betrieben werden [7]). Nächst diesen Thermen in der nördlichen Umgebung der Stadt finde ich durch Kennedy die Existenz einer lauen, viel zum Waschen des Leinenzeugs von den Einwohnerinnen

---

[1]) II, 240.

[2]) S. 158.

[3]) Comptes rendus VII, 241, wo den Thermen bei Constantine nur eine Temperatur von 27—29° C. beigelegt wird.

[4]) A. a. O. I, 305.

[5]) Journal de Chim. med. 1845. I, 28.

[6]) Peyssonel et Desf. II, 332—334.

[7]) Ebendort II, 332—334. Diese Gypsbrüche führen den Namen Sebassa nach dem arabischen Worte Sebassa d. h. Gyps.

benutzten Quelle von 27°,9 C. erwähnt, die am Südende der Stadt in einer kleinen Höhle des Rummelflusses entspringt [1]. Nicht minder soll der Bach (Oued) Madou (der heutige Oued Bou Merzoug), welcher bei Constantine den Rummel bilden hilft, in seinem oberen Laufe warm sein [2]. Sicherlich ist aber das Vorkommen aller dieser Gewässer von höherer Temperatur in einer Gegend, die nach den einstimmigen Berichten der älteren Historiker [3] und neueren Reisenden [4] fürchterlich zerrissen ist und aus vielfachen Wechseln hoher, mehrere 100 Fufs senkrecht abgeschnittener Felsen und tief eingeschnittener Schluchten besteht, in innigster Verknüpfung mit den Catastrophen, welche in der Vorzeit die Oberfläche so veränderten.

Nächstdem sind in neuerer Zeit durch die Expeditionen der Franzosen nach dem südlichen Theile der Provinz Constantine noch verschiedene andere Thermen aufgefunden worden. Eine derselben traf eine Colonne des Herzogs von Aumale SSW. von der Stadt Constantine auf ihrem Wege nach Biscra im Gebiete des salzreichen Kreidemergels und zugleich in dem Thale des Kantarabachs (Oued el Kantara) an einer Stelle an, welche auf älteren Carten schon den sehr bezeichnenden Namen Hammam führt und ansehnliche Ruinen aus der Römerzeit darbietet, denen zufolge die Therme einst stark benutzt worden sein mufs, wie sie denn auch jetzt noch von den Arabern gebraucht wird. Sie sammelt sich in einem grofsen Becken, dessen obere Schichten eine Temperatur von 34, die unteren eine von 40° C. darbieten. Eine unter Fournels Leitung zu Algier angestellte Analyse ergab in 1000 Gewichtstheilen des etwas nach Schwefelwasserstoff riechen-

---

[1]) Algeria and Tunis II, 239.

[2]) Peyssonel et Desf. I, 301.

[3]) Sallustius Bell. Jug. c. 25.

[4]) Peyssonel a. a. O. I, 301, 305; Desfontaines ebendort II, 214—217; Shaw 60—63.

den Thermalwasser 1,868 schwefels. Kalk, 0,087 schwefels. Magnesia, 0,014 Kieselerde, 0,078 Kalkerde, 0,045 kohlens. Magnesia, 0,249 Chlorcalcium, 0,229 Chlormagnesium, 0,708 Chlornatrium, 0,063 organische Substanzen [1]).

Auch nordwestlich von Constantine sind in neuerer Zeit Thermalquellen gefunden worden. Auf der Strafse von Milah nach Setif finden sich nämlich nach Calza [2]) dergleichen, die bei den Landesbewohnern unter dem Namen Hammam Beni Kecha bekannt sind, in einer Localität von 40 Meter Umfang am Fufse der Beni Cherf Bergkette, eine halbe Stunde von dem französischen Lager von Mar Allah. Sie waren schon den Römern bekannt, wie das Vorkommen einer römischen Station an der Fons Camerata [3]) mit derselben Entfernung vom alten Mileum, als die Entfernung des Hammam Beni Kecha vom heutigen Milah beträgt, so wie auch das Vorhandensein regelmäfsig construirter Becken, worin sich noch jetzt die Thermalquellen sammeln, erweist. Sie sind salzig und setzen an ihren Rändern salzige Niederschläge in Menge ab. Nächstdem enthalten sie Eisen und auch Schwefelwasserstoffgas, welches sie bereits von Weitem ankündigen soll. Am Meisten mufs jedoch in den Thermen Kalk enthalten sein, da sie aus einem Travertin entspringen, der ihnen unzweifelhaft ebenso seinen Ursprung verdankt, wie die Kalktuffe an den Hammam Meskutin aus den Absätzen dieser hervorgegangen sind. Die jetzigen Niederschläge der Beni Kecha sind bläulich weifs, wie die Farbe des Thermalwassers; die älteren Absätze erscheinen dagegen mehr gefärbt, was darauf hinzuweisen scheint, dafs die früheren Ergüsse der Therme viel eisenreicher gewesen waren. Gleicher Weise versichert Calza, unbekannt, aus welchen

---

[1]) Annales des Mines 4. Ser. 1846. IX, 548.

[2]) S. 165.

[3]) Fortia d'Urban 295.

Gründen, dafs auch die Temperatur derselben einst höher gewesen sein müsse. Die jetzige Temperatur ist aber nicht bei allen Quellenarmen gleich; bei der Hauptquelle beträgt sie 45° C., bei einer andern 40°, bei einer dritten gar nur 38° bei 29° Lufttemperatur. Die benachbarten Araber benutzen die Beni Kechatherme häufig, ja man kommt sogar von Weitem her, um sich ihrer in Haut- und Knochenkrankheiten zu bedienen, da die Landesbewohner in ihrer Jugend viel an Grind, im Alter viel an Krätze leiden [1]). — Noch andere Quellen von höherer Temperatur gibt es nur eine halbe Stunde von den eben erwähnten in der Localität Mar Allah selbst, die aus 3, selbst bei der gröfsten Hitze nicht versiegenden Armen bestehen, vollkommen klar und von gutem Geschmack sind und durch ihre Stärke eine so üppige Vegetation hervorrufen, dafs die ganze Umgebung derselben zu einer kleinen entzückenden Oase mitten in einer wüsten Landschaft umgeschaffen wird. Von der Temperatur und dem mineralischen Caracter dieser Thermen erfahren wir durch Fournel, aufser Calza dem einzigen Berichterstatter über sie, erst Genaueres [2]). Endlich erwähnt

---

[1]) Fournel, der die Umgebungen Milahs zuerst ihrer unermefslichen Ablagerungen von Steinsalz wegen untersucht und ein Chärtchen davon mitgetheilt hat, führt in derselben, 5 Stunden etwa von Milah entfernt, 2 Localitäten mit warmen Quellen an. An einer derselben fand sich eine schwache Schwefeltherme von 40°, die nach einer unter seiner Aufsicht angestellten Untersuchung (Ann. des Mines 4. Ser. IX, 553) in 1000 Gewichtstheilen 2,025 schwefels. Kalk, 0,051 schwefels. Magnesia, 0,043 kohlens. Kalk, 0,130 kohlens. Magnesia, 0,033 Chlorcalcium, 0,282 Chlormagnesium, 0,012 Kieselerde und unlösbare Bestandtheile enthält und, wie Fournels Charte ausweist, mit Calzas Beni Kechatherme von 40° identisch ist.

[2]) Diese Mar-Allahthermen sind nämlich mit den zweiten identisch, welche Fournel, wie eben erwähnt, ebenfalls westlich Milah und zwar nach seiner Charte zunächst am Oued Bou

derselbe Autor bei Setif selbst bedeutende Thermen, welche in geringer Entfernung davon nach SW. zu in einer Cassir Altyre [1]) oder Caser Teire (Vogelschlofs?) genannten Localität, und gleichzeitig in einer weiten Ebene entspringen, den Namen Hammam Staïfsa führen und sich in einen Warmbach (Ouad Hammam) ergiefsen. Ihr Reichthum ist so bedeutend, dafs im Jahre 1841 das in einer einzigen Minute von jedem Arm gelieferte Wasser zu etwa 800 Litre berechnet wurde, und dafs dieselben vier hart aneinanderliegende Becken erfüllen. Jede Quelle wird durch mehrere, viel Gas entwickelnde Arme gespeist. Auch von diesen Thermen erfahren wir in Bezug auf ihre mineralische Beschaffenheit durch Calza nichts, indessen sollen dieselben nach seinen Erkundigungen in Krankheiten für sehr nützlich von den Eingeborenen, die sich ihrer bedienen, erachtet werden. Diefs geschah auch schon im Alterthum zur Römerzeit, aus welcher noch grofse Ruinen von Bauwerken vorhanden sind. Die Temperatur der einzelnen Quellen fand Calza [2]) zu resp. 49, 45, 41 und 25° [3]).

Hammam und SW. vom Dschebel Mischada angetroffen hatte. Dieselben haben nach seinen Beobachtungen ein Becken aus dem Alterthum und zeigen gleichfalls eine Temperatur von 40°. Zufolge einer in Fournels Laboratorium angestellten Analyse enthalten dieselben in 1000 Theilen an schwefels. Kalk 2,025, schwefels. Magnesia 0,051, Kieselerde und unlöslichem Quarz 0,012, kohlens. Magnesia 0,130, kohlens. Kalk 0,043, Chlorcalcium 0,333, Chlormagnesium 0,282, Chlornatrium 0,333.

[1]) Desfontaines in Peyssonel und Desf. II, 211.

[2]) S. 170.

[3]) Muthmafslich gibt es in den Umgebungen Setifs noch andere bisher nicht genügend untersuchte Localitäten mit Thermen, in dem wenigstens der Name Hammam Krous eines zwischen Setif und Constantine gelegenen Punktes, den Desfontaines

Aufserhalb des bisher verfolgten grofsen Thermenzugs zwischen Tunis und Setif scheinen jedoch diejenigen warmen Quellen zu liegen, welche den Namen der Beni Sermen führen [1]) und südlich Budschia in dem höchsten, bisher von Europäern nicht ohne die gröfste Lebensgefahr betretenen und vom Stamme der Beni Berbacha bewohnten Theile des Kabylenlandes erkundet worden sind. Von ihrer Temperatur und ihren geognostischen Untersuchungen weifs man nichts, doch kennt man einigermafsen ihre mineralische Beschaffenheit, indem es gelungen ist, zwei Flaschen von ihrem Wasser zu erlangen. Bei der angestellten Untersuchung ergab sich, dafs dasselbe viel schwefelsaure Magnesia, Glaubersalz, Eisenoxydul und kohlensauren Kalk enthält. — Südlich Budschia finden wir ferner eine durch Desfontaines [2]) erwähnte Salztherme in einer von den Landesbewohnern Srama genannten Localität. Die Aehnlichkeit dieses Namens mit dem Namen Beni Serma, so wie die Uebereinstimmung der Lage beider Thermen im Süden Budschias dürfte für eine völlige Identität derselben sprechen, während einer Annahme der Art entschieden der Umstand entgegensteht, dafs Desfontaines seine Therme auf der grofsen und in neuerer Zeit gar häufig von den Franzosen betretenen Strafse zwischen Algier und Constantine gefunden hatte, während von der Beni Serma, wie erwähnt, berichtet wird, dafs sie nur in einer von Europäern nicht ohne die gröfste Lebensgefahr zu besuchenden Gegend Kabyliens entspringt. Eben so wenig ist bisher festzustellen möglich gewesen, ob eine

---

(a. a. O. II, 213) erwähnt, darauf hinweist. Eben so ungewifs ist es ferner, ob der Oued Hammam SSW. von Constantine auf der Strafse nach Setif zu gelegen mit diesem Hammam Krous in Verbindung steht.

[1]) Calza 144.

[2]) Peyss. et Desf. II, 213.

25 Kilogrammen WSW. von Budschia im Gebiete der Toudschakabylen vorhandene Thermalquelle [1]) mit diesen eben erwähnten zusammenfällt, oder von ihnen verschieden ist, da nach neuesten Nachrichten es sogar noch andere Thermen im kabylischen Berglande gibt, wovon einige namentlich im Gebiete der Beni Zellah 14 Kilogrammen südlich vom Cap Corbelin bekannt wurden.

Erst in weiter Entfernung von Setif gibt es wiederum Thermalquellen, indem eine derselben, welche den Namen der Hammam Melvan, Melouen oder auch wohl Melouân d. h. die bunten Bäder aus unbekannten Gründen führt [2]), den Einwohnern von Algier trotz ihrer 34 Kilometer etwa in genau südlicher Richtung [3]) betragenden Entfernung von dieser Stadt sehr wohl bekannt ist und in der Schlucht des Harrachflüfschens entspringt. Von neueren französischen Berichterstattern wurde, so viel ich weifs, über diese Therme gar noch nichts veröffentlicht, doch ist es nicht denkbar, dafs die Hammam Melvan dieselbe Therme mit einer gleich weiter zu erwähnenden ist, welche mit einer Temperatur von 38° und mit schwefliger Beschaffenheit eine Stunde von Medeah, in einer engen Kluft, zu Tage kommt und von Dufour auf seiner Charte Algeriens vom J. 1840 unter dem Namen Hammam el Elma erwähnt wird. Viele Schildkröten leben darin. — Hierher dürfte endlich noch die Therme gehören, welche Desfontaines [4]) gleichfalls am el Harrach, aber nur in 3 Stunden Entfernung von dessen Mündung in die See angetroffen hatte. Er

---

[1]) Revue de l'Orient 1847, 357.

[2]) Shaw 147, 149. Melouân heifst im Arabischen bunt.

[3]) Pellissier 333. Renou in den Ann. des Mines 4. Ser. IV, 558. Shaw bestimmte die Entfernung dieser Therme von Alger nur zu 9 Stunden (147).

[4]) II, 140.

bestimmte ihre Temperatur zu 42°,5 C. und bemerkte, dafs sie nebst vielem Seesalz Eisen enthalte, wie besonders die Schlammabsätze erwiesen [1]). Den Eingeborenen galt sie für sehr heilkräftig in Hautkrankheiten. Bemerkenswerth ist jedoch, dafs ungeachtet der langen Kämpfe der Franzosen mit den Eingeborenen in der Nähe des bekannten Pachthofs, der Maison carrée, in dessen unmittelbarer Nähe Desfontaines Therme liegen müfste, diese bei keinem einzigen neueren Berichterstatter erwähnt wird. Selbst auf der sehr grofsen Specialcarte der nächsten Umgebungen von Algerien, welche die französische Regierung dem Berichte über die Verwaltung Algeriens im J. 1842 beifügte, findet sie sich nicht vermerkt.

In West Algerien fehlt es so wenig an Thermen, dafs ihre Zahl der Menge von Thermen in den östlichen Theilen des Landes schwerlich nachstehen dürfte und sich dadurch Renous Behauptung, dafs die Reihe der algerischen Thermen sehr bedeutend sei [2]), in ihrem ganzen Umfange bestätigt. So findet sich zuvörderst auf dem halben Wege zwischen dem Sheliffflusse und der Meeresküste, SW. von Algier eine Therme in so zerrissenem Terrain, dafs deren Auftreten lebhaft an die zerrissenen Terrainverhältnisse der Thermen Süd Africas und bei Constantine erinnert. Sie erscheint nämlich ganz in der Nähe eines spaltenförmigen Einschnitts durch eine der Küste parallele und ihr benachbarte Gebirgskette, und sie verdankt demnach höchst wahrscheinlich auch ihr Zutagetreten der Bildung dieser Gebirgsspalte, welche bei der Bevölkerung der Gegend unter dem Namen Shabaat el Kella, d. h. Diebesschlucht, bekannt ist

---

[1]) Die eisenhaltigen Schlammabsätze dieser salzreichen Therme erinnern sehr an die eisenreichen von Ehrenberg untersuchten und bekanntlich fast ganz aus Infusorienpanzern bestehenden Absätze der Soolquellen von Colberg.

[2]) Annales des Mines 4. Ser. IV, 558.

und eine höchst bedeutende Wichtigkeit nach Boblayes Erklärung [1]) für die Kriegsgeschichte dieser Gegenden und des überhaupt westlichen Algeriens in allen Zeiten gehabt hat, indem sie den einzigen directen Zugang von der Küste in das Innere darbietet. Deshalb wurde derselbe auch stets durch die von der Küste herkommenden Heere bis in die neueste Zeit, mit Ausnahme der Franzosen, welche bis 1841 dem weiteren Wege voller Beschwerden in das Innere von Algier aus folgten, gewählt. Ebenfalls dieser Lage wegen nahmen die Römer den am Ausgange der Schlucht gelegenen Ort Tipasa [2]), der sich unter dem Namen Tifesad erhalten hat, zur Basis ihrer kriegerischen Operationen, und es wird dadurch zugleich sehr erklärlich, warum der bei diesen in Rede stehenden Thermen unmittelbar gelegene, in dem Itiner. Ant. unter dem Namen der Aquae [3]), bei Ptolemaeus unter dem bezeichnenderen Namen der Ὕδατα ϑερμὰ [4]) vorkommende Ort den Theilungspunkt der grofsen, vom Hafenplatz Cäsarea (jetzt Shershell) durch die Diebesschlucht führenden Militairstrafse bildete, indem von hier ein Arm in südöstlicher Richtung nach Medeah, der andere in südwestlicher nach Miliana abging [5]). Peyssonel war in neuerer Zeit der erste Reisende, welcher die Existenz dieser Therme erforschte und sie 8 Stunden westlich von Algier antraf [6]), ohne dafs jedoch sein Bericht die Stelle ihres Vorkommens mit einem bestimmten Namen benannt hätte. Bald nach Peyssonel lernten Hebenstreit und Shaw dieselbe ken-

---

[1]) Bull. de la Soc. de Géogr. de Fr. 1841. XV, 47 und 50.

[2]) Fortia d'Urban 4.

[3]) Ebendort 7.

[4]) Ed. Hondii Francof. 1605, 99. Einige Handschriften sollen noch κολωνία hinzusetzen.

[5]) Boblaye a. a. O. 41; Calza 91.

[6]) A. a. O. I, 443.

nen. Hebenstreit [1]) führte sie unter dem Namen Hammam Merada, Shaw [2]) als Hammam Meriga auf und besonders lieferte Shaw, der sie in 8 englische Meilen ostnordöstlicher Entfernung von Miliana versetzte, die für jetzt noch vollständigste Beschreibung derselben, da Seitens der französischen Berichterstatter bisher gar keine detaillirte Schilderung davon geliefert worden ist, eine Thatsache, die auffallend genug ist, wenn man erwägt, dafs die französischen Militaircolonnen während der letzten 12 Jahre häufigst den Landstrich zwischen Shershell, Medeah und Miliana durchzogen haben. Nur Dureau de la Malle spricht sich gelegentlich in seiner Ausgabe des Peyssonel und Desfontaines Reise [3]) dafür aus, dafs des ersten Reisenden unbenannte Therme mit Shaws Meriga und den Aquae oder Ὕδατα θερμὰ des Alterthums völlig identisch sei. Selbst auf der im J. 1844 durch den französischen Generalstab herausgegebenen Charte Algeriens, der vollständigsten dieses Landes, fehlt der Name, wie es auch bei der letzten Ausgabe von Dufours Charte der Fall ist, obwohl er auf der älteren Ausgabe, freilich nur, wie es scheint, aus Shaw entlehnt vorkam [4]). Statt desselben sehen wir bei den neueren Berichterstattern über Algerien, Boblaye [5]) und Pellissier [6]), mit denen Fortia d'Urban übereinstimmt, die bis in die letzten Jahre

---

[1]) Bernouilli X, 430; Hebenstreit kannte sie nur durch Hörensagen.

[2]) Mereega S. 30, 36.

[3]) Note zu I, 443. Dureau de la Malle schreibt Meraga.

[4]) In wiefern die Bemerkung eines neueren Schriftstellers, dafs einer der oberen Quellen des aus diesen Gegenden kommenden und westlich Algier in das Mittelmeer mündenden Mazafranflüfschens mit diesen Thermen in Verbindung steht, vermag ich nicht anzugeben.

[5]) A. a. O. XV, 48.

[6]) Exploration scientifique VI, 335.

niemals vorgekommenen Namen Hammam Rhira (Boblaye) oder Hammam Mridscha (Pellissier) für die Ὕδατα θερμὰ gesetzt, so dafs ohne Zweifel beide Namen mit Shaws Namen für gleichgeltend zu nehmen sind. Für die völlige Identität der durch diese verschiedenen Benennungen angezeigten Thermen sprechen aufserdem einige andere Angaben, welche sich ziemlich gleichmäfsig bei älteren und neueren Berichterstattern wiederholen. So gibt Boblaye an, dafs seine Hammam Rhira in der Nähe Milianas, also übereinstimmend mit Shaws Thermen, liegen und da ferner Shaw meldet, dafs die Hammam Meriga in einer äufserst zerrissenen Gegend mit 2 Armen von verschiedener Temperatur emportreten, von denen der eine seiner geringeren Wärme wegen ohne Abkühlung unmittelbar in Bädern benutzt werde, der andere höher an einem Berge liegende dagegen so heifs sei, dafs sein Wasser, um gebraucht werden zu können, in Röhren abgeleitet werden müsse, so finden wir dem entsprechend auch bei Boblaye gemeldet, dafs eine seiner Thermen von Miliana eine sehr hohe, die übrigen dagegen eine niedere Temperatur besäfsen, indem diese von 24 — 15° abwärts variren. So läfst sich mit möglichster Sicherheit vermuthen, dafs es immer nur ein und derselbe Thermencomplex bei Miliana ist, für den die Namen und Schilderungen der alten und neuen Autoren passen. Diefs findet endlich noch dadurch seine Bestätigung, dafs Boblaye bei der Hammam Rhira römische Steine, das Zeichen einer alten Niederlassung, und Pellissier bei seinem Hammam Mridscha die Reste einer römischen Villa antraf. Von der Beschaffenheit der in Rede stehenden Thermen erfahren wir übrigens, dafs sie starke Kalkniederschläge liefern, was unzweifelhaft darauf hinweist, dafs selbst die aus Travertin bestehende Terrasse, worauf Miliana steht, in der Vorzeit aus ähnlichen und mächtigen Thermen hervorging, die jetzt gänzlich verschwunden sein mögen.

Von den Thermen des westlichen Algerien, d. h. der Provinz Oran sind wir nur wenig unterrichtet, so wie uns Aufschlüsse über die dortigen geognostischen Verhältnisse gleichfalls gar sehr fehlen. Doch scheint es wahrscheinlich, dafs das tief eingeschnittene Thal des Shelif, des bedeutendsten und längsten Flusses Algeriens, viele Quellen von höherer Temperatur besitzt, und es mag demnach die Entstehung des Thals, welches nach den bekannt wordenen Schilderungen ganz die Natur eines Spaltenthals besitzt, mit dem Erscheinen dieser Thermen an der Oberfläche in sehr genauer Verbindung stehen. Ja selbst das Emportreten des Hammam Melouân und der Hammam Meriga, obgleich beide aufser dem Shelifthale liegen, dürfte einem solchen Aufbruchsphänomen nicht fremd sein, indem beide nur in verhältnifsmäfsig geringer Entfernung von der Stelle sich befinden, wo der Shelif seine anfängliche nordöstliche Richtung völlig verläfst und mittelst eines Durchbruchs durch die Verlängerung der grofsen Ouanserisbergkette in eine ganz andere, die ostwestliche Richtung übergeht. Bei Betrachtung aller hiesigen Verhältnisse bleibt kaum ein Zweifel, dafs künftige Untersuchungen auch in diesen Gegenden zu Aufschlüssen über den Zusammenhang vorweltlicher Niveauveränderungen mit dem Emportreten von Thermalwassern führen werden. — Als östlichste Quelle des Shelifgebiets erscheint für jetzt eine warme, etwas salzige Quelle, welche bei den Eingeborenen den Namen Hammam Altaf führt und durch Desfontaines [1]) zwischen zwei dem Flusse von Süden her zugehenden Bächen, dem el Rouinia (Oued Rouinia) und dem Silberbache (Oued el Fadda) am Fufse eines trockenen und wenig hohen, 2½ Stunde vom

[1]) Annales des voyages 1830. XLVI, 325—26; Peyssonel et Desf. II, 151. Der Name der Therme erinnert sehr an den der Therme bei Tunis und ist vielleicht nur aus einer Verstümmelung des letzten entstanden.

Shelif auftretenden Berges mitten in einer Ebene gefunden wurde. Statt des Namens H. Altaf finde ich auf Dufours älteren Carte den Namen Hammam Boutrie, welcher in der letzten Ausgabe wiederum fehlt. — Weiter westlich, schon ziemlich tief im Binnenlande entspringt 5 Stunden südwestlich Mascara auf dem Wege von dieser Stadt nach Tlemsen eine im Lande hochberühmte Kalktherme, die Hammam Sidi Hanefiah [1]) oder Hammam Sidi Ben Ennefiah Calzas [2]) in der weit bekannten Egresebene. Im Augenblicke hat sie nur eine geringe Stärke, die kaum den hundertsten Theil von der der Hammam Meskutin beträgt, obwohl sie aus mehreren Oeffnungen eines Kalkfelsens hervortritt, aber früher mufs sie von viel bedeutenderem Wasserreichthum nach dem Umfange der sie umgebenden Kalkabsätze gewesen sein. Ihre Temperatur bestimmte Wagner zu 71°,1 C. [3]), und sie geniefst in medicinischer Hinsicht einen solchen Ruf [4]), dafs die Landesbewohner selbst von den Gränzen Maroccos herbeikommen, sich hier bei Stockungen, Syphilis und Hautkrankheiten Genesung zu holen [5]). Wagner bemerkte bei einigen Armen derselben einen starken Schwefelgeruch. Desfontaines [6]) führt zwar diese Therme nicht namentlich auf, doch scheint eine mit mehreren anderen starken warmen Quellen am Oued Hammam bei

---

[1]) Wagner I, 427, 436.

[2]) S. 107.

[3]) Calza zu 63—65°.

[4]) Sie wird in einem durch den Bey von Mascara erbauten Badehause benutzt.

[5]) Nach Calza fällt sie in mehrere Becken, vereinigt sich mit einem sogenannten Warmbache und dann in Gemeinschaft mit diesem mit dem durch die neueren Kriege der Franzosen in der Provinz Oran so bekannt gewordenen Sigflüfschen.

[6]) Annales des voyages XLVI, 349—350; Peyssonel et Desf. II, 176.

Mascara von ihm angetroffene Therme damit identisch zu sein, da er dieselbe, ebenso wie Wagner seine Hammam Sidi Hanefiah, aus Löchern im Kalkfelsen hervorkommen sah. Aber die Temperaturen und Beschaffenheiten beider scheinen zu variren, indem Desfontaines die der seinigen nur zu 45° bestimmte und keinen Niederschlag an ihr beobachtet hat. Den Geschmack derselben nannte der französische Forscher nach dem Erkalten gut; auch erschien sie ihm durchsichtig [1]). Von andern warmen Quellen, die noch in dieser Gegend vorkommen sollen, erfuhr Desfontaines durch den damaligen Bey von Mascara nur, dafs sie einen starken Geruch nach Schwefel verbreiten.

Am unteren Shelif, namentlich da wo dessen Zustrom, die Mina, in ihn mündet, gibt es nach Calza gleichfalls Thermen. Eine derselben, die starke Stahlquelle Hammam Sidi-Bou-Abdallah genannt [2]), soll viel mehr, als die übrigen von den Eingeborenen besucht werden und so heifs sein, dafs sie nur abgekühlt zum Baden zu benutzen ist, ja selbst zum Garsieden von Eiern und Hühnern dient. Sie entspringt eine Stunde oberhalb des Einflusses der Mina in den Shelif, beschattet durch grofse Oelbäume, welche die Badenden dem Blicke der Fremden entziehen. Eine zweite Therme, die Hammam Sidi Buside, liegt in ihrer Nähe und zugleich auf der linken Seite beider Flüsse in deren Nähe und nach Calza in der Nähe zugleich von Ruinen einer römischen, weiter nicht bekannten Stadt Ragueba. Sie tritt nach Angabe der Landesbewohner in der Starke eines menschlichen Körpers hervor und sammelt sich gleich an der Oberfläche in einem Becken. Ihre Temperatur beträgt nach Calza 50°. Eine 3. von den Arabern benutzte Quelle die Hammam-Sidi-Ben-Shaa [3]) ent-

[1]) Calza (107) erklärt die Hammam Sidi Ben Ennefiah sogar bestimmt für die Desfontainesche Therme.

[2]) S. 106.

[3]) S. 107.

springt schon an der rechten Seite des unteren Shelif, der Hammam Sidi Ben Abdallah gegenüber in nicht beträchtlicher Stärke, mit 35—40° Temperatur, mitten in den Ruinen einer alten römischen Stadt, welche Calza Techa, gleichfalls unbekannt aus welchen Gründen, nennt, da dieser Name von keinem Schriftsteller des Alterthums, wie ich glaube, erwähnt wird.

Auch tief im Binnenlande haben wir in den letzten Jahren durch einen Kriegszug des General Cavaignac die Existenz einer Thermalquelle im Süden des grofsen Salzseenzugs, der bei den Eingeborenen allgemein den Namen der Shotts führt, kennen gelernt. Von ihrer Beschaffenheit erfahren wir aber nichts weiter, als dafs sie süfs ist. Selbst die Temperatur scheint nicht bestimmt worden zu sein, indem wenigstens nichts davon erwähnt wird [1]).

Noch weiter im Westen gegen die maroccanische Gränze traf bereits Shaw [2]) eine mehr, als lauwarme Quelle, die einige Stunden nördlich Tlemsen entspringt und hier den Namen Ain Houte, d. h. Fischquelle [3]) nach den Fischen führt, welche darin, grade wie in den Thermen bei Ghâbs und in den Hammam Meskutin, leben. Eine zweite von Shaw [4]) auch nicht weiter beschriebene warme Quelle gibt es in der Nähe der Küste zu Sidly Ebly am Isserflusse, einem östlichen Zustrom des Tafnaflüfschens; sie ist muthmafslich von einer neuerlichst durch Renou [5]) bei Tlemsen erwähnten Therme, die den Namen Bou Hadschar führt, verschieden. Letzte scheint wirklich eine sehr ausgezeichnete warme, salzige Kalkquelle zu sein, welche im Laufe der Zeit drei ihr nun als Leitungscanäle dienende,

---

[1]) In der französischen Zeitschrift Spectateur militaire XLVI, 148.
[2]) S. 149.
[3]) Vom Arabischen Ain Quelle und Hout oder Haout Fisch.
[4]) S. 149.
[5]) Annales des Mines. 4. Ser. IV, 537.

sehr bedeutende chausseeartige Kalkabsätze gebildet hat, die sie fortwährend noch durch neue Absätze verlängert. Zwei derselben haben bereits eine Länge von 1000 Meter. Die Therme selbst zeigte eine Wärme von 50°. Endlich gibt es nach Renou [1]) in der nordwestlichsten Spitze Algeriens zwischen Oran und dessen Hafenplatz, Mers el Kebir, eine Viertelstunde nur von Oran entfernt abermals eine stark kochsalz- und chlormagnesiumreiche Therme, die Calza muthmafslich irrig zu einer Stahltherme macht [2]).

Wo endlich der heifse Flufs sich befand, den Leo Africanus [3]) in der Nähe eines jetzt völlig unbekannten Orts anführt und dessen Wasser er selbst getrunken zu haben versichert, vermag ich nicht zu enträthseln. Nur aus dem Zusammenhange scheint sich zu ergeben, dafs er ihn in der Nähe der tunesischen Gränze antraf. Muthmafslich ist es einer der vielen Warmbäche der arabischen Bewohner Algeriens.

Ueber das Vorkommen und die Verbreitung thermaler Quellen in Marocco sind wir nur höchst wenig unterrichtet, obgleich auch hier deren häufiges Vorkommen nicht zu be-

---

[1]) Ebendort 537.

[2]) S. 106. Für das Vorkommen dieser Thermen in der Nähe Orans ist es von Interesse sich zu erinnern, dafs es an entschieden plutonischen Gesteinen in diesen Gegenden sowohl auf dem Festlande, wie auf den benachbarten Inseln nicht fehlt, indem Trachyte z. B. in und bei Oran anstehen (Renou a. a. O. 538), dafs ferner nach Webb und Berthelots Untersuchungen (Comptes rendus VII, 181) auch auf den der Nordküste benachbarten kleinen Zafarinasinseln Trachyte sich finden, endlich dafs bereits Desfontaines (Ann. des voy. XLVI, 643 und Peyssonel et Desf. voy. II, 179) die Felsen im Westen von Oran als aus einem leichten, schwarzen, porösen schwammigen Gestein bestehend beschrieben hatte, das ihm ganz wie die Lava eines Vulcans erschienen war. Siehe dieses Archiv XXIII, 409 — 410.

[3]) Ed. Elzevir 1623, 623.

feln ist. Bestätigte sich namentlich eine durch den englischen Arzt Lemprière [1]) nach Hörensagen mitgetheilte Nachricht über das Vorhandensein von Vulcanen in diesem Lande, die freilich von keinem einzigen Berichterstatter wiederholt wird, so wäre deren Existenz sogar mit höchster Sicherheit vorauszusetzen. Die einzige bestimmte Nachricht aus neuerer Zeit über das Vorkommen einer Therme in Marocco verdanken wir bereits einem älteren französischen Reisenden Roland Frejus [2]), welcher im östlichen Theile des Landes eine heifse, von den Eingeborenen Escrouna genannte Schwefelquelle fand, deren Wasser, wenn es gestanden hat, sehr gut zum Trinken sein soll. Aufserdem erfuhren wir jedoch durch einen arabischen Autor des Mittelalters Abdul Hassan, dessen Werk über die Herrscher dieser Gegenden zuerst Fr. von Dombay in deutscher Uebersetzung und neuerlichst Tornberg im Original mit lateinischer Uebersetzung herausgegeben hat, dafs sich besonders in der Nähe der Hauptstadt Fâs zahlreiche Thermen vorfinden, indem Hassan berichtet, dafs am Flusse Sebua (oder Sebu), 4 M. von Fâs die warmen Quellen Khaulâni genannt [3]), und in derselben Gegend auch andere Thermen, nämlich die in ganz Mauritanien angeblich berühmten warmen Bäder Vaschtâta und Abi-Jaqubi [4]) auftreten.

Was endlich den westlichen Rand des Continents in Bezug auf thermale Vorkommnisse betrifft, so war schon

---

[1]) Die vulc. Thät. 103.

[2]) Relation of a voyage made into Mauritania in Africa in the year 1660 to Muley Arxid, king of Tafilet. English out of the French. London 1671, 43, 47.

[3]) Geschichte der mauritanischen Könige, übers. von Fr. v. Dombay. Agram 1794, 32 und 41. Annales Moslemitici. Ed. Tornberg. Upsaliae 1843 und 1846. II, 20.

[4]) Dombay 41; Thornberg 26; Graberg af Hemsö Specchio geografico e statistico dell' impero di Marocco. Genova 1834, 49 spricht von diesen Thermen nur nach Hörensagen.

früher bemerkt [1]), dafs der Mangel solcher Vorkommnisse bei der Nähe der noch mit brennenden Vulcanen versehenen canarischen und Cap Verdischen Inseln, bei dem zahlreichen Auftreten entschiedener Laven und erloschener Kratere, sowohl auf den dem Continent nächst benachbarten Inseln [2]), wie auf dem Continent selbst [3]), endlich bei dem nicht grade seltenen Erscheinen bestimmter plutonischer Massen am Rande des Continents [4]) und im Inneren [5]) auffallend genug sei, indem in der That kein einziger der zahlreichen Reisenden, die seit Jahrhunderten den westlichen Rand Africas erforscht haben und ziemlich tief in letzteren eindrangen, eine Spur von Thermen zwischen dem Cap von Ceuta und Benguela entdeckt hat. Aber schwerlich fehlen dieselben ganz, und es war deshalb sehr zu wünschen, dafs es dem verdienten Capt. Belcher [6]) von der britischen Marine gelungen wäre, über die Be-

---

[1]) S. 10.

[2]) Die vulcan. Thätigkeit 42 — 45, 99. Aufser den dort als vulcanisch genannten Bulamainseln läfst sich noch die südlicher bei Sierra Leona liegende Losinselngruppe nach Capt. Belchers (Journ. of the Geogr. Soc. of London II, 278) und Lairds (Laird and Oldfield narrative of an expedition in the interior of Africa. 2 Vol. London I, 26) Beobachtungen bestimmt als vulcanisch anführen. Laird sah die Losinseln sogar als Reste eines immensen Kraters an.

[3]) Die vulcan. Thätigkeit 35, 98, 101. Zu diesen Angaben ist hinzuzufügen, dafs auch das grofse, bis 90 Fufs über den Meeresspiegel ansteigende C. Mesurado südlich von Sierra Leona vulcanisch ist, indem es gröfstentheils aus Laven besteht (Alexander a history of colonization on the Western coast of Africa. Philadelphia 1846, 205). Da ferner Monrovia, der Hauptort der neuen Negerrepublik Liberia, hoch an demselben Cap liegt, so ist nicht zu verwundern, dafs auch bei dieser Stadt vulcanische Felsmassen anstehen (Laird a. a. O. I, 45).

[4]) Die vulc. Thät. 98—99.

[5]) Die vulc. Thät. 100—101.

schaffenheit derjenigen Thermen und deren Localität genauere Kunde zu erhalten, die, wie man ihm mittheilte, in der Nähe des Rio Nuñez sich finden [1]), da diese Spur sicherlich noch zur Entdeckung anderer ähnlicher führen würde.

2. Die kalten Mineralquellen.

Unter den kalten Mineralquellen Africas sind die kochsalzhaltigen bei Weitem die zahlreichsten, indem jedes mit dem den gröfsten Theil der Oberfläche des Continents bedeckenden rothen Thon in Berührung stehende atmosphärische Wasser sehr bald einen mehr oder minder starken Salzgehalt aufnimmt. So sind also auch die Salzquellen unzweifelhaft meist nur oberflächliche, da die Gesteine in der Tiefe unter dem rothen Thon und rothen Sandstein, nämlich die devonischen und silurischen Thonschiefer und Grauwacken nebst den krystallinischen Schiefern, wie man erfahrungsmäfsig weifs, überall auf der Erde fast kochsalzfrei auftreten. Bei der unzähligen Menge von kalten Kochsalzquellen [2]), Bächen und Seen in den ungeheuren rothen Ebenen des ganzen Festlandes von Africa, die sich auf dieselbe Weise in den rothen Savannen Nord Americas zwischen dem Mississippi und den Rocky Mountains, in den rothen Pampas von Buenos Ayres und in den rothen Hochebenen des centralen Persiens wiederholen, ist es zugleich unmöglich,

---

[1]) Journal of the Geogr. Soc. of London II, 283. Dies Vorkommen von Thermen darf gar nicht auffallen, wenn man sieht, dafs gleichfalls in der Nähe des Nuñezflusses nach Capt. Belcher Basalte nicht fehlen (s. Die vulc. Thät. 98).

[2]) Der französische Bergwerksingenieur Fournel, dem wir eine vortreffliche Arbeit über die Salzablagerungen von Algerien verdanken, sagt gradezu (Ann. des Mines. 4. Ser. IX, 541), dafs die dort vorkommenden Salzbäche unzählbar (innombrable) seien.

deren Aufzählung selbst annähernd zu versuchen [1]). Doch mag hier wenigstens die grofse Reihe langgezogener Salzseen und Salzsümpfe als bemerkenswerth hervorgehoben werden, welche von der Westgränze Algeriens längs einer Plateauerhebung bis in das Innere von Tunesien reicht und bei den Landesbewohnern unter dem allgemeinen Namen El Schott und Sibkha [2]) bekannt sind. An diese Kochsalz

---

[1]) Auffallend ist in der That bei der ungeheuren Verbreitung salzhaltiger Wasser im Continent von Africa, dafs sich hier so aufserordentlich wenig Ablagerungen festen Steinsalzes von ansehnlicher Mächtigkeit vorfinden, während in Europa eine Anhäufung von Salzquellen in einer bestimmten Localität bisher immer, wenn nur die Bohrversuche tief genug eindrangen, zu der Entdeckung ansehnlicher Steinsalzmassen geführt hat. Mit Sicherheit sind, wenn man von den Resten ausgetrockneter Salzseen abstrahirt, bisher nur zwei Localitäten im ganzen Continent von Africa bekannt worden, wo sich gröfsere Steinsalzgebilde vorfinden, nämlich bei Milah (d. h. Salz) in der Provinz Constantine, wo dieselben dem Neocomien, wie die Salzmassen von Cardona in Catalonien, eingelagert sein sollen (Fournel a. a. O. 545) und dann in der ägyptischen Wüste westlich vom Nil nach dem Berichte des älteren deutschen Reisenden Pater Krump (s. meinen Aufsatz in den Monatsberichten der Berliner geographischen Gesellschaft 1850. VII, 68). Die grofsen Salzablagerungen in Angola, in der Taltalebene Abyssiniens und in den Saharaoasen von Tegazze u. s. w. scheinen nämlich sämmtlich nur Absätze aus vertrockneten Salzseen zu sein.

[2]) Fournel a. a. O. 541 und S. Grenville Temple I, 118. Auffallend ist die Aehnlichkeit in der Benennung dieser Salzseen, wie man sie in den von einander entferntesten Theilen des Continents denselben gibt. So führen die mit den algerischen und tunesischen Salzseen ganz übereinstimmenden, auf den Hochebenen Süd Africas auftretenden Salzseen bei der einheimischen Bevölkerung aus dem Betschuanenstamm den Namen Chue oder Choi (Schue oder Schoi nach Harris The wild sports of Southern Africa. London 1839, 55 und Methuen Life in wildernefs or wanderings in South Africa. London 1846, 272), d. h. Salz, da in der Betschuanensprache das Salz Chuaie (bei den stamm-

führenden Wasser schliefsen sich zunächst andere gröfsere oder kleinere Seen an, die neben Chlornatrium einen reichen Gehalt von kohlensaurem Natron führen. In Süd Africa hat man dergleichen noch nicht gefunden, doch fehlen sie schwerlich ganz, da ein neuerer englischer Reisender Eden [1]) hier auf der Westküste unter dem südlichen Wendekreise eine mehrere engl. Acres grofse Ablagerung des mit Glimmersand verunreinigten Sesquicarbonat vom Natron (enthaltend 23,6 Proc. Natron, 24,4 Kohlensäure, 17 Glimmersand und viel Koohsalz) angetroffen hat, die unzweifelhaft nichts, als der Rest eines ausgetrockneten Natronsees ist. In Nord Africa sind dagegen mehrere solcher Natronseen mit Bestimmtheit bekannt, und namentlich war man bereits im Alterthum mit den am Rande der sogenannten libyschen Wüste südwestlich von Alexandria gelegenen sehr wohl bekannt. Schon Plinius [2]) kannte dieselben und führte sie mit Namen an, nicht minder Strabo [3]), der berichtet, dafs aus ihnen zu seiner Zeit eine grofse Menge Natron gewonnen wurde. Gleiches geschah noch in der späteren römischen Zeit [4]), wie im Mittelalter während der Herrschaft der Araber [5]). Ja selbst

---

verwandten Amakosakaffern Tifsua (Tischoua nach Van der Kemp in den Missionary Transactions London 1804 I, 45) heifst. Selbst bei den Abyssiniern findet sich ein ähnliches Wort Tscho (Lefebvre II, App. 92) für Salz, das fast noch näher der Benennung Shott der algerischen Salzseen steht.

[1]) The search of the Nitre. London 1846, 57 und 63. Die Natronablagerung kommt im trockenen Bette des Kuisipflusses vor, wo das Salz efflorescirt. Merkwürdiger Weise stöfst man hier schon in 18 Zoll Tiefe unter dem Natron auf süfses Wasser.

[2]) Hist. nat. XXXI, c. 2 und 3.

[3]) Ed. Casaub. II, 803.

[4]) Sozomenus historia ecclesiastica VI, c. 31. Ed. Reading. Cantabrigae 1720. II, 264. Quatremère in Mémoires sur l'Egypte. Paris 1812. I, 459.

[5]) Macrizi bei Quatremère I, 463, 480.

im grauesten Alterthum mufsten diese Natronablagerungen an den Natronseen sehr wohl bekannt sein, indem einem an ihnen gelegenen Berge von den Aegyptern ausdrücklich der Name Natronberg (Bucher Ptôou-Amphihosen) [1]) gegeben wurde, was, zugleich wie es scheint, darauf hinweist, dafs die ältesten Bewohner des Landes einen Unterschied zwischen Kochsalz und Natroncarbonat bestimmt zu machen verstanden hatten. Die Gewinnung des Natrons aus diesen Seen hat sich bis in die neueste Zeit erhalten, und noch immer gewährt sie dem ägyptischen Gouvernement eine namhafte Revenue. — Eine andere Reihe von Natronseen, aus denen die sogenannte Trona gewonnen wird, lernten wir jedoch erst in neuerer Zeit durch die Reise von Oudney, Denham, Clapperton [2]) und besonders durch die Beobachtungen des Ersten im nördlichen Fezzan genauer kennen. Muthmafslich hat endlich noch ein grofser See im Adallande nördlich der grofsen Strafse von Tadschourra nach Shoa einen namhaften Natrongehalt, indem wenigstens Rochet auf den beiden Carten zu seinen Reisen einen solchen unter dem Namen eines Natronsees in jener Gegend nach Hörensagen anführt, da er ihn selbst nicht besucht hat. Diese Angabe ist nicht unwahrscheinlich, wenn man sieht, dafs jener See unter geognostischen Verhältnissen vorkommt, die von denen der Natronseen Aegyptens und Fezzans nicht verschieden sein können, indem seine ganze Umgebung niedrig, dürr und vegetationslos ist und derselbe, wie die ägyptischen Natronseen, in nicht sehr grofser Entfernung von einem ansehnlichen Salzsee vorkommt, was auf grofse Anhäufungen von Kochsalz in jenen Gegenden hinweist.

An diese natronreichen Gewässer schliefsen sich end-

---

[1]) Champollion l'Egypte sous les Pharaons. 2 Vol. Paris 1814.

[2]) A. a. O. LVI—LVII.

lich die Bitterwasser an, welche in ihrer Häufigkeit selbst den Kochsalz führenden nicht viel nachgeben mögen und gleichfalls im Alterthum hinlänglich bekannt waren. Gleich jenen scheinen auch sie in ihrem Vorkommen auf grofse ebene Wüsten beschränkt zu sein und somit im Continent Africas auf dieselbe Weise aufzutreten, wie die zahllosen Bitterwasser der Steppenländer am azowschen, schwarzen und caspischen Meere, auf dem Plateau von Kerman in Persien, in der Gobihochebene Inner Asiens und in den weiten Ebenen Süd Ungarns, also in Ländern, die nach Carl von Raumers treffendem Ausdrucke als ein unwirthbarer, allem Leben feindlicher Boden bittersalzhaltiger Meere erscheinen [1]). Am deutlichsten findet sich in der That eine solche Ansicht durch die Verhältnisse des Isthmus von Suez bestätigt, weil hier das Wasser der schon im Alterthum wohl bekannten Bittersalzseen (El Mamleh jetzt im Lande genannt) ganz dem concentrirten Meerwasser gleicht, und dieselben bei ihrer Beschaffenheit und tiefen Lage an der Oberfläche des Isthmus und in der Nähe des rothen und Mittelmeers viel mehr, als alle andere ähnliche Wasseransammlungen des Continents, als concentrirte Reste eines urweltlichen Meeres erscheinen. Ihre erste Erwähnung finden wir bekanntlich bei Strabo [2]); die erste neuere wissenschaftliche in den Berichten der napoleonischen Expedition [3]); die neueste Schilderung endlich derselben in einem Berichte des Capt. Newbold [4]). Aber auch andere Bitterwasser im Norden des Continents waren den Alten wohl bekannt, indem schon Diodor bei Erzählung des Marsches Alexander des

[1]) Hertha von Berghaus XIII, 339.

[2]) Ed. Casaub. II, 804.

[3]) Description de l'Egypte. État moderne I, 63.

[4]) Journ. of the Asiat. Soc. of Great. Brit. and Ireland 1846. VIII, 355—360.

Grofsen nach der jetzigen Siwahoase ausdrücklich versichert, dafs der macedonische König in der Wüste auf einen sogenannten Bittersee gestofsen sei [1]). Es sind dies vielleicht die nämlichen Quellen, welche in neuerer Zeit auch Hornemann auf seinem Wege von der Küste des Mittelmeeres nach der Siwahoase wahrgenommen hatte [2]). In neuerer Zeit fehlt es in der That kaum in einem Berichte der Reisenden nach den wüsten ebenen Gegenden des Binnenlandes an Angaben über das Dasein solcher Gewässer. So erwähnt Capt. Lyon bittere von ihm angetroffene Quellen nebst brakischen in einer unermefslichen Kiesebene am Rande der Fezzanoase [3]), nicht minder sah er dergleichen südlich von Sokna [4]). Andere neuere Reisende, wie der Arzt Kirk, fanden Bitterwasser im Lande der Adáls [5]), und nicht minder häufig scheinen diese in dem wüsten östlichen Striche Aegyptens zwischen dem Nil und dem rothen Meere zu sein, indem der Engländer James Bird [6]) Bitterwasser zwischen Kosseir und Kenneh antraf und Rüppell [7]) versichert, dafs man zwischen Cairo und Suez auf bittersalzhaltende Wasser beim Bohren artesischer Brunnen gestofsen sei. Noch in Süd Africa scheinen dergleichen besonders in den salzreichen dürren Hochebenen häufig zu sein, indem Eden [8]) neuerdings sehr

---

[1]) *Κατηνήντησεν ἐπὶ πικρὰν καλουμένην λίμνην.* Bibl. hist. Ed. Wesseling II, 198.

[2]) Voyage dans l'Afrique septentrionale. Ed. Langlès. Paris 1802. I, 22.

[3]) S. 72.

[4]) S. 305.

[5]) Kirk sah z.B. bittere Pfuhle bei Saggadera in einer Localität, die ganz mit dem festen und gesprungenen Alluvialboden von Ober Scinde übereinstimmte. Journ. of the Geogr. Soc. of London XII, 224.

[6]) Journ. of the Geogr. Soc. of London IV, 204.

[7]) Reise in Abyssinien I, 102.

[8]) The search of the Nitre 35.

bittere und salzige Wasser auf der Westküste nächst der bekannten guanoreichen Insel Ichabou im Grofs Namahottentottenlande antraf und schon in älterer Zeit W. Patterson [1]) im nordwestlichen Caplande neben mehreren salzigen eine so bittere Quelle an den sogenannten Längenbergen wahrgenommen hatte, dafs selbst das Vieh davon nicht hatte trinken wollen. Nach derselben Westküste gehört ferner der bittere ganze Flufs, welchen Capt. Alexander [2]) gleichfalls im Gebiete der Grofs Nama gesehen hat und der bei den Landesbewohnern muthmafslich nach seiner bitteren Beschaffenheit den Namen Ukanip führt, so wie die schon im Beginne dieses Jahrhunderts am Westabhange der Karro gegen das Küstenland von Barrow wahrgenommene grofse Loriquelle (Lorifonteyn) [3]). Im weiteren Süden der Küstenstufe fehlen Spuren von Bitterquellen abermals nicht, indem Wylds Carte zu Backhouse Reise nach Süd Africa wirklich eine dergleichen im Süden des Roodewallbay angibt. Aber schon der Name dieser Bay macht es wieder in hohem Grade glaubhaft, dafs in ihrer Nähe rothe alcalireiche Thone in derselben Weise, wie in den ausgedehnten Hochebenen des Binnenlandes verbreitet sind. In neuerer Zeit berichtete Drège [4]) über das Vorkommen eines Bitterwassers im östlichen, nicht minder Steedman [5]), über das eines anderen im mittleren Theile der Karro. Von ähnlichen und gröfseren Ansammlungen bitterer Gewässer ist ohne Zweifel endlich die Ablagerung von Bittersalzen herzuleiten, welche der bekannte Missionar van

---

[1]) Reisen in das Land der Hottentotten und der Kaffern, übers. von J. R. Forster 1790, 69.

[2]) An expedition II, 237.

[3]) I, 102.

[4]) Meyer Commentariorum de plantis Africae Austral. Fasc. I, XV.

[5]) I, 100.

der Kemp [1]) bereits im Beginne des laufenden Jahrhunderts in derselben Karro am Dwykaflüſschen wahrgenommen hatte. Den Hottentotten sind übrigens solche bittere Gewässer sehr wohl bekannt, und sie unterscheiden sie sogar auch durch einen eigenen Namen, nämlich durch Oukamma, was in ihrer Sprache ausdrücklich Bitterwasser heiſst [2]), von anderen Salzwassern [3]).

Die Natur aller dieser Bitterwasser ist noch niemals genügend untersucht worden, und nur so viel können wir aus den bisherigen Forschungen abnehmen, daſs häufig nächst Magnesiasalzen namhafte Beimengungen von Glaubersalz zu dem bitteren Geschmack Veranlassung gegeben haben, indem in vielen stehenden Gewässern der Ebenen Nord und Süd Africas das Vorkommen des Glaubersalzes wirklich mit Bestimmtheit nachgewiesen worden ist. Einen Geschmack nach Magnesiasulfat fand z. B. die französische Armee auf ihrem ersten Zuge nach Setif im Jahre 1840 fast bei allen Flüssen, die sie überschritt [4]) und ganz übereinstimmend damit ermittelte man bei der französischen Expedition unter General Cavaignac in die Gegend der Salzseen am Rande der algerischen Sahara, daſs die Brun-

---

[1]) Missionary Transactions I, 371.

[2]) Rheinische Missionsberichte XIV. Beilage 44.

[3]) Da Kamma ein aus der Hottentottensprache sehr bekanntes Wort ist, das noch in vielen Fluſsnamen z. B. im Namen Keisikamma vorkommt und Fluſs bedeutet, so dürfte die erste Sylbe U oder Ou bitter heiſsen. Ist dieſs richtig, so wäre der Name Uganip des bittern von Alexander erwähnten Flusses auch ein zusammengesetzter und zugleich für dessen natürliche Eigenschaften sehr bezeichnend. Wirklich erklärt ihn der Reisende ausdrücklich durch Bitter River, wobei es jedoch wahrscheinlicher ist, daſs der richtige Name U-garip ist, indem im Hottentotschen Garip dasselbe mit Kamma, nämlich jeden Fluſs bedeutet.

[4]) Bericht in der allgemeinen Zeitung über diesen Marsch.

nen in der Nähe der Schotts stark mit demselben Salz geschwängert waren [1]). Besonders war diefs mit den zu El Beïda im Schott el Gharbi der Fall, welche dadurch einen sehr unangenehmen Geschmack besafsen, starkes Purgiren veranlafsten und auf Menschen und Vieh gleichmäfsig nach dem Genusse einen bösen Einflufs äufserten [2]). In Bezug auf Süd Africa meinte bereits Lichtenstein [3]), dafs die brakischen Wasser des Caplandes als schwache Glaubersalzauflösungen anzusehen seien, eine Behauptung, die für richtig gelten kann, wenn man sieht, dafs gleichfalls die ägyptischen Natronseen aufser kohlensaurem Natron ansehnliche Quantitäten Kochsalz und Glaubersalz enthalten. Quellen mit einem Geschmack nach Glaubersalz traf demnächst Capt. Lyon auf seiner Rückreise von Murzuk nach Tripolis [4]), und besonders mögen die stehenden Gewässer des Adállandes reich an diesem Salz sein, indem Johnston zwischen dem Hafenplatze Tadschourra und Shoa in der Nähe des grofsen Assalsalzsees und zugleich des eben erwähnten Natronsees eine ausgedehnte Glaubersalzablagerung antraf [5]), die während der Regenzeit durch einen grofsen Glaubersalzsee vertreten wird. Das Salz bildet hier eine ansehnliche Steinmasse [6]).

Nächst dieser grofsen Reihe alcalischer Wasser scheinen

---

[1]) Spectateur militaire XLVII, 670.

[2]) Ebendort XLVI, 267.

[3]) Reisen I, 71. An anderen Stellen seines Werks (I, 162. II, 123) erwähnt noch Lichtenstein Natronefflorescenzen im Caplande, wobei es freilich ungewifs bleibt, ob damit Carbonate oder Sulfate gemeint sind.

[4]) S. 324.

[5]) I, 127.

[6]) Muthmafslich gehört noch zu diesen Magnesia oder Natronsulfat führenden Wassern eine auflösend wirkende Quelle, welche die deutschen Missionare bei der ehemaligen Missionsstation Pella am linken Ufer des grofsen Oranjerivier oder Garip kennen lernten (Berliner Missionsberichte. 1838, 133).

im Continent am häufigsten kalte eisenhaltige Mineralwasser aufzutreten, eine Erscheinung, welche sich hier auf das Einfachste durch den überaus häufigen und starken Eisengehalt der oberen Schichten des Bodens, die durch die atmosphärischen Wasser ausgelaugt werden, erklärt, und welche ganz auf dieselbe Weise in den ausgedehnten, aus eisenoxydreichen rothen Thonen und Sandsteinen in horizontaler Lagerung gebildeten Ebenen Nord und Süd Americas wiederkehrt, wie die überaus zahlreich daselbst vorkommenden Namen Rio Colorado, R. Roxo, Vermejo, Red River erweisen. Schon den Alten war das Phänomen der roth gefärbten stehenden und fliefsenden Gewässer bekannt, wie der aus dem Punischen durch roth zu erklärende Name Sisara eines bei Ptolemaeus [1]) erwähnten Sumpfes in Nord Africa nebst dem gleichfalls bei Ptolemaeus [2]) vorkommenden Namen eines dortigen Flusses Rubricatus, endlich Ctesias Erwähnung [3]) eines rothen Sees oder rothen Quells erweist.

Auch die neueren Völker Africas deuten zuweilen die rothen Färbungen ihrer Gewässer durch den Namen an.

---

[1]) Ed. Hond. 98. Der berühmte Etymolog und Alterthumsforscher Bochart sagt bei Erwähnung dieses Namens: Poenis enim Sasar vel Sisar est rubrica. Opera omnia. Lugd. Batav. 1692. II, 485. Ist, wie Temple versichert (a. a. O. I, 278), diefs Sisara identisch mit dem kleinen See von Bizerta bei Tunis, so ist allerdings auffallend, dafs kein neuerer Berichterstatter von der rothen Farbe des letzten spricht, wenn nicht etwa die Färbung der Uferränder zu dem Namen im Alterthum Veranlassung gegeben hat.

[2]) Ed. Hand. 97, 98. Der Rubricatus des Alterthums soll der neuere Seybousflufs bei Bona sein, von dessen rothen Farbe wir auch nichts wissen.

[3]) Aristoteles Ausc. Mir. c. 100; Plinius hist. nat. XXXI, c. 5. Diodorus Siculus Ed. Wesseling I. p. 125; Antigonus Caristius Ed. Beckmann. Lips. 1791, 205; Ctesiae Opera Ed. Baehr. Francof. ad Moen. 1824, 309.

So bedeutet im Mandingolande West Africas der Name Ba-oulé (Ba-oli) eines gewissen Flusses in der Landessprache so viel als rother oder röthlicher Flufs, indem das Wasser desselben durch suspendirten Thon roth gefärbt ist [1]). Gleicher Weise führt nach dem Berichte über Mehemed Alis 2. Nilexpedition ein Zuflufs des oberen Nils, der Seboth (Bahr el Seboth), seinen Namen nach der rothen Farbe [2]). In Abyssinien mag Aehnliches stattfinden, worauf der Name Toullou Amara eines Berges bei dem Göbe, einem von Abbadie [3]) angeführten rothen Flusse Süd Abyssiniens hinweist, weil in der mit der abyssinischen stammverwandten arabischen Sprache Achmar roth bedeutet. Höchst wahrscheinlich läfst sich auch umgekehrt aus dem Namen auf die eisenhaltige Beschaffenheit eines Gewässers und seiner Umgebung schliefsen, wie es bei dem Flüfschen Mazafran in Algerien der Fall zu sein scheint, dessen Name nach Golius so viel als gelblich roth (ex fulvo flavens) heifst.

Zahlreich scheinen endlich kalte Stahlquellen in der kleinen and Dakheloase Nord Africas zu sein, da schon Cailliaud [4]) in der ersten meist Eisen haltende Quellen fand, die zuweilen so sehr mineralisch waren, dafs sie starke Eisenoxydhydratniederschläge bildeten. Ebenso traf Cailliaud [5]) eine kalte Eisenquelle in der Oase Hayz, wie endlich auch Edmonstone [6]) sich von der Existenz eines ganzen eisenhaltigen Bachs in der Dakheloase zu

---

[1]) d'Avezac im Bull. de la Soc. de Géogr. de Fr. 2. Ser. XVI, 82.

[2]) Ebendort XVIII, 26, 171. Der Flufs führt bei dem Schillukroth der dortigen Gegend auch den Namen Bahr Telkhy (a. a. O. 26).

[3]) Ebendort 1845. III, 55.

[4]) Voyage à Meroë I, 153—154, 155.

[5]) Ebendort I, 196.

[6]) Nouvelles annales des voy. 1824. XXI, 57.

überzeugen Gelegenheit hatte, Phänomene, die nicht auffallen können, wenn man sieht, dafs die Umgebungen dieser Oasen wesentlich aus roth gefärbtem, sehr eisenreichem Sandstein bestehen. Von allen Stahlquellen des Continents möchte aber eine von dem alten Capucinermönch Cavazzi de Montecuculi beschriebene, falls dessen Angaben richtig sind, was kaum glaublich scheint, die mineralreichste sein. Cavazzi versichert nämlich [1]), dafs aus der Quelle des Districts Scilla in Angola Eisen dadurch in grofser Menge gewonnen werde, dafs man Stroh in der Quelle ausbreitet und den aus dem Wasser darauf abgesetzten Schaum schmilzt. Das auf solchen Wege gewonnene Eisen soll angeblich vollkommen rein sein. Ein grofser Eisengehalt der kalten Quellen Angolas dürfte gleichfalls nicht befremden, wenn man berücksichtigt, wie reich diefs ganze Land an vortrefflichen Eisenerzen ist [2]). Freilich ist bisher nur eine einzige Eisenquelle in neuerer Zeit in Angola erwähnt worden, die bereits im Beginne dieses Jahrhunderts bei der Hauptstadt Loanda gefunden wurde [3]). Viel reicher fällt dagegen die Kenntnifs der kalten Eisenquellen des Caplandes aus, da hier allerdings das herrschende Gestein ein stark eisenschüssiger Sandstein, begleitet von ebenso stark eisenhaltigen Thonen, ist. Sie liefern zuweilen nicht unbedeutende Ockerabsätze. So sind namentlich die kalten Quellen in den gröfstentheils aus eisenschüssigem Sandstein gebildeten Cederbergen des westlichen Caplandes mehr oder weniger eisenhaltig [4]) und

---

[1]) Descrizione de' tre regni cioè Congo, Matamba e Angola. Bonon. 1687. Deutsch München 1694, 16.

[2]) No Reino da Congo, onde ha riquissimas minas de ferro. J. J. da Cunha de Azevedo Coutinho Ensaio economico sobre o commercio de Portugal e suas colonias. 2. Ausgabe. Lisboa 1816, 130.

[3]) Omboni viaggi nell' Africa occidentale. Milano 1847, 109.

[4]) Alexander an expedition I, 22.

es gibt in der unweit von den Cederbergen gelegenen Localität Moedverlooren sogar einen ganzen mit Eisen geschwängerten Bach [1]). In der Nähe der Capstadt traf Barrow [2]) bereits eine kalte Quelle gleicher Art und endlich berichtete noch derselbe [3]), dafs eine von ihm am Südrande des Caplandes in der Nähe des Districthauptorts Ujtenhage angetroffene Quelle während ihres Laufs durch einen schwarzen morastigen Grund ansehnliche Haufen eines tief orangefarbenen Eisenoxydhydratniederschlags bilde. Da nun aus dem Grunde eine grüne und gelbe, scharf und alaunartig schmeckende Erde effloreseirt, die gekocht dem Wasser gleichfalls einen scharf sauren Geschmack mittheilt und es befähigt die Farbe blauer Papiere zu verändern, so ist es klar, dafs die Quelle eine eisenvitriolische ist. Dafür spricht noch der Umstand, dafs polirte Eisenstücke aus dem in kupfernen Kesseln mit den farbigen Efflorescenzen gekochten Wasser Kupfer niederzuschlagen vermögen, und wir können demnach annehmen, dafs die grofsen, wie Maulwurfshaufen in dem Sumpfe aufgehäuften Massen des dunkelrothen, zerrieben zwischen den Fingern haftenden Ockers aus Zersetzungen des Eisenvitriols mit Hilfe der im Sumpfe selbst vorhandenen organischen Substanzen hervorgegangen sind. Eine zweite Eisensulfat führende Quelle des Caplandes mufs unweit Dyselsdoorp am westlichen Elephantenflusse zu Tage

[1]) v. Meyer 133.

[2]) Nach seiner Charte der nächsten Umgebung der Capstadt. Das Vorkommen solcher eisenhaltigen Quellen scheint in den Umgebungen der Capstadt namentlich an der Saldanhabay ganz häufig zu sein, indem nach dem Cap Almanach (The Cape of Good Hope Almanac for 1841, 315) die dortigen Quellen in der Farbe und Qualität variren und auch theilweise stark gefärbt sind, was besonders bei denen der Fall ist, welche durch Bänke von eisenreichem Gestein (ironstone) ihren Lauf nehmen sollen.

[3]) I, 127—128.

kommen, indem Backhouse [1]) hier an den Rändern der Abzugsgräben Eisenvitriol auskrystallisirt fand. Eine starke unbenutzte Mineralquelle endlich, die schon Sparman [2]) SO. der Capstadt an dem Butterflusse antraf, gehört unzweifelhaft auch zu den kalten Eisenquellen, da sie in einem Terrain stark eisenschüssigen Sandsteins entspringt. — Aufserhalb des Caplandes traf ferner Burchell [3]) eine durch ihren Ockerniederschlag als eisenreich caracterisirte Quelle in den Kamhanybergen zwischen Lithaku und Griquatown. Besonders häufig scheinen jedoch dergleichen an Kohlensäure und Eisen sehr reiche Quellen im westlichen Africa nach dem Berichte des neueren englischen Reisenden Duncan [4]) zu sein, indem dieser mehrere an verschiedenen Punkten seines Weges von Whidah an der Guineaküste in das Innere z. B. im Mahiberglande, dann bei Babakanda, unfern des Aditayflüfschens, in der Nähe des Hali (Halee) bachs im sogenannten Konggebirge, endlich bei dem Orte Gischah (Gijah) in Dahomey kennen lernte. Auch hier ist das Vorkommen solcher Quellen völlig natürlich, indem nach Duncan sich rothe Thone in den Hochebenen des Inneren vorfinden, und es durch anderweitige Mittheilungen bekannt ist, dafs rother eisenreicher Sand-

---

[1]) S. 135. Da der Reisende ausdrücklich versichert, dafs die Quellen, an deren Rändern das Salz auskrystallisirt, stark mit schwefelsaurem Eisen geschwängert sind, so kann ihr Absatz nicht Kupfervitriol (Copperas) sein, wie er sagt. Bemerkenswerth ist hierbei die freilich sehr vage Mittheilung der rheinischen Missionare, dafs die Quellen derselben Gegend in der Nähe ihrer Station Wupperthal in der trockenen Jahreszeit dadurch schädlich werden, dafs sie zu viel Salpeter und Kupferstoff (!) enthalten (Rheinische Missionsjahresberichte XIV, 3).

[2]) Resa I, 132.

[3]) II, 264.

[4]) Travels in Western Africa 1845 and 1846. 2 Vol. London 1847. II, 16, 99, 149, 256.

stein einen grofsen Theil des Kong bildet. Ist es aber bereits aus dem auffallenden und fast ausschliefslichen Vorkommen aller dieser kalten Eisenquellen in Terrains mit namhaftem Eisengehalte, gleich wie bei den kalten Salzquellen der nämlichen Gebiete, in hohem Grade wahrscheinlich, dafs sie nur oberflächliche sind, welche den Mineralgehalt aus den rothen eisenschüssigen Gesteinen entlehnten, so scheinen selbst die Stahl- und Manganthermen ihren Gehalt auf ähnliche Weise durch ein Auslaugen der mächtigen oberen Schichten während ihres Emporsteigens aus der Tiefe erhalten zu haben. Ein Beweis für diese Ansicht dürfte, wie ich glaube, zunächst darin liegen, dafs, in Europa die Thermalwasser, welche zwar im Gebiet des bunten eisenschüssigen Thons und Sandsteins zu Tage kommen, doch niemals einen ansehnlicheren Eisen- und Mangangehalt besitzen, was eine natürliche Folge davon zu sein scheint, dafs sie nicht durch mächtige, rothe Massen ihren Weg an die Oberfläche genommen haben, sondern dafs sie allein Granite oder krystallinische Schiefer, aus denen sie unmittelbar hervortreten, durchlaufen sind [1]).

An die Eisensulfat führenden Quellen scheint endlich eine eigenthümliche Quelle angereiht werden zu müssen, welche in neuerer Zeit zu Killalou im Adallande bekannt worden ist, bei den Eingeborenen ihrer schädlichen Eigenschaften wegen den Namen des Giftwassers führt und als ein Cämentwasser geschildert wird [2]). Ihre schädlichen Wirkungen beim Genufs scheinen sich wirklich dadurch zu bestätigen, dafs vor einigen Jahren ein deutscher Forscher, der Oberlieut. Kielmayer, welcher unvorsichtiger Weise aus

---

[1]) Duncan erwähnt noch 2 Eisenquellen dieser Gegenden NW. von Pawia und zu Apakisa, deren Temperatur er zu 64 und 62° F. bestimmte (II, 31, 61), die wohl auch nur für kalte gelten können.

[2]) Johnston I, 163, 164.

ihr krank, angeblich nur in Folge davon rasch gestorben ist, und dafs in der nächsten Umgebung die Felsen durch Kupfersalze schön grün gefärbt erscheinen. Noch fehlt uns jede weitere Kenntnifs über diese der Untersuchung wohl würdige Quelle, da auch Johnston es unterlassen hat anzugeben, worauf er seine Bestimmung ihres Wassers als Cämentwasser gegründet hat.

Kalte Schwefelquellen sind gleichfalls in Africa und besonders in dessen nördlicher Hälfte nicht selten, aber es ist von Interesse für deren Bildungsprocefs zu bemerken, dafs dieselben im Norden fast durchgehends in Verbindung oder wenigstens in der Nähe ausgedehnter Gypsmassen erscheinen, während die im Süden des Continents ganz frei von solchen Begleitungen zu sein scheinen, indem wir hier, wenigstens meines Wissens, nirgends, mit Ausnahme einer von Schwefel begleiteten Ablagerung krystallinischen Gypses in Angola [1]) das Auftreten von Gypsmassen mit Bestimmtheit kennen. War schon bei der Schilderung der geognostischen Verhältnisse der Thermalquellen darauf hingewiesen, dafs die ägyptischen Schwefelmassen zum Theil wenigstens von Gyps begleitet werden, so ist von noch gröfserer Bedeutung für die Einsicht in die Entstehungsweise dieser Gebilde, dafs in ihrer Nähe gleichfalls mehrere kalte Schwefelquellen vorhanden sind. So lernten wir bereits durch Rozière [2]) im Beginne dieses Jahrhunderts zwischen dem Nil und dem rothen Meere auf dem Wege von Kenneh und Kosseir eine kalte Salzquelle von unangenehmem Geruch nach Schwefel kennen, deren Existenz Wilkinson, Nestor de l'Hôte, endlich Rochet [3]) in neuerer Zeit bestätigten und ferner 12 Stunden südwest-

---

[1]) Die vulc. Thät. 48.

[2]) Mémoires sur l'Egypte. 4 Vol. Paris 1802. III, 229.

[3]) Sec. Voy. 10.

lich Kosseir noch eine zweite Schwefelquelle, welche den Einwohnern des ebengenannten Orts nothgedrungen als Trinkwasser dient [1]). Nördlich von diesen Quellen ermittelten Wilkinsons Untersuchungen [2]) in der Nähe des Antoniusklosters und zwar südöstlich von demselben, wo bereits Granger (Tourtechot) die Existenz einer Schwefelablagerung [3]) und selbst die eines Gypsbruchs [4]) nachgewiesen hatte, abermals das Vorkommen einer kalten Quelle mit einem solchen Schwefelgehalt, dafs sie nicht getrunken werden konnte, woraus sich ergibt, dafs sich die geognostischen Verhältnisse mitten in der Wüste auf das Engste an die Verhältnisse in der Nähe der Küste bei den beiden Dschebel el Kibrit anschliefsen. Noch weiter im Norden zwischen Cairo und Suez hatte bereits Shaw fünf Stellen mit schwefligem und salzigem Wasser angetroffen [5]), nicht minder häufig scheinen solche kalte Schwefelquellen im Tieflande zwischen den südabyssinischen Gebirgen und dem Meeresgestade vorzukommen. So sah Johnston [6]) auf dem Wege von Tadschourra nach Shoa zwei dergleichen, und Krapf und Kirk [7]) nebst Johnston [8]) auf

---

[1]) Rochet Sec. voy. 17. Nach den Herrn Baron von Wrede erhaltenen Nachrichten findet sich die erste Schwefelquelle nicht in der Laghita, sondern in der Lombage genannten Localität. Auch dieser Reisende schilderte sie mir als eine deutliche Schwefelquelle, die am Rande des Weges nach Kosseir entspringt. Unbekannt ist mir aber, ob dieselbe vielleicht identisch mit einer stark nach Schwefel riechenden Quelle ist, welche in derselben Gegend zu Birembah entspringt.

[2]) Journal of the Geogr. Society of London II, 31.

[3]) Siehe vorhin S. 109.

[4]) A. a. O. 100.

[5]) S. 471.

[6]) I, 109, 110, wobei der Reisende vergleichungsweise die Schwefelquellen von Harrowgate in England erwähnt.

[7]) Journals 53; Journal of the Geogr. Soc. of London XII, 235.

[8]) I, 464.

demselben Wege sogar einen ganz kleinen kreisförmigen See bei Melkukuyu in Shoa, der sich in einem erloschenen Krater, gleich dem See im Indianavulcan in Java gebildet hatte, dessen klares Wasser einen unangenehmen Geschmack und schwefligen Geruch besafs und bei den Eingeborenen durch seine vorzügliche Brauchbarkeit zum Reinigen und Bleichen der Wäsche in grofsem Rufe steht. Westlich von Aegypten ermittelte Cailliaud [1]) gleichfalls die Existenz kalter Mineralquellen in der Siwahoase, welche nebst den angeblich hier vorhandenen Quellen von höherer Temperatur unzweifelhaft in engen Beziehungen zu den vorhandenen Schwefellagorn stehen. Von Gypsablagerungen in der Nähe besitzen wir jedoch keine Kenntnifs, eben so wenig ob diefs der Fall bei der schönen Schwefelquelle, der Ain el Gazal, d. h. der Gazellenquelle, der Fall ist, welche Pacho [2]) nördlich von jenen in der Marmarica hart am Rande des Meeres kennen lernte. Endlich gibt es in Tripolitanien in der Nähe der Küste der grofsen Syrte einen ehr tiefen Brunnen, woraus von den Arabern ein Schwefelschlamm zum Einreiben ihrer Glieder gegen gewisse Krankheiten gewonnen wird [3]). Sicherlich ist dies dieselbe Localität, wo bereits vor mehr als 30 Jahren der italiänische Arzt de la Cella [4]) mit Schwefeladern durchzogene Gypsablagerungen angetroffen hatte, und von denen Capt.

---

[1]) Cailliaud et Drovetti Voyage à l'Oasis de Siouah par Jomard. 1821, 8, 9 und Cailliaud Voyage à Meroë. I, 86, wo zugleich auf das Zusammenvorkommen mehrerer Schwefelquellen, von Schwefel und Erdbeben in der Siwahoase aufmerksam gemacht wird.

[2]) S. 57.

[3]) Mémoires de la Soc. de Géogr. de France. II, 69.

[4]) Viaggio da Tripoli di Barbaria alle fronterie occidentali dell' Egitto, fatto nel A. 1817. Genova 1819, 84. Er sah diesen Schwefel zwischen Scegga und Judia am Rande der grofsen Syrte.

Beechey [1]) bei seinen Untersuchungen der Küste in Erfahrung brachte, dafs sich dort Schwefelgruben finden, die zu Muktahr sogar Schwefel zum Export liefern sollen. Von diesem sehr reichlichen Vorkommen des Schwefels scheint der grofse Golf von Sidra d. h. der Golf der grofsen Syrte des Alterthums bei der jetzigen Bevölkerung den Namen erhalten zu haben, indem sie ihn den Dschioun el Kibrit, den Schwefelgolf nennt, eine Benennung, die, so viel mir bekannt, zuerst in Langlès französischer Uebersetzung von Hornemanns Werk vorkommt [2]) und dadurch noch ihre Rechtfertigung erhält, dafs Reisende sogar die Oberfläche des Golfs durch eine ganz unerklärte Veranlassung mit Schwefel bedeckt gefunden haben [3]). In neuerer Zeit wurden diese Schwefelablagerungen Gegenstand einer ausgedehnteren Industrie und namentlich lieferte ein französischer Speculant Subtil [4]) einen mir nicht zugänglichen Aufsatz in der Revue de l'Orient über die Möglichkeit der Ausbeutung derselben, so wie sich eine französische Actiengesellschaft bildete, welche von dem früheren Bay von Tripolis vor dessen Absetzung durch die Pforte eine Concession zu dem Zwecke erwirkte. Der mögliche Ertrag des Betriebs mufs nicht für gering gegolten haben, weil die türkische Regierung durch die französische im J. 1847 gezwungen wurde, als sie die Concession für ungültig erklärte und die Gesellschaft zum Einstellen ihrer Arbeiten nöthigte, den Mitgliedern die Summe von 357424 Frcs. als Entschädigung zu zahlen [5]).

---

[1]) Proceedings of the expedition, to explore the northern coast of Africa. London 1828, 210.

[2]) S. 453.

[3]) Bericht des Capt. Lauthier aus dem Jahre 1819 bei della Cella 84.

[4]) Richardson I, 2.

[5]) Moniteur. Fervier 1847.

Der Schwefel ist von Gyps begleitet, wie nächst de la Cellas Angabe die Beobachtungen Capt. Beecheys erweisen, der in diesen Gegenden zu Hudia einen aus Alabaster ähnlichen Gyps bestehenden Berg antraf [1]). In Bezug auf das geognostische Alter ist wohl kein Zweifel, dafs die Schwefel und Gypse ganz wie im gegenüberliegenden Sicilien auftreten, besonders da Beyrichs jüngste Untersuchung der von Dr. Overweg gesammelten und nach Europa gesandten Versteinerungen aus Tripolitanien ein ganz jugendliches tertiäres Alter derselben erwies [2]).

Im Süden des Continents ist die Entstehung der kalten Schwefelquellen wirklich schwer zu deuten, wenn man sie nicht durchweg für erkaltete Schwefelthermen gelten lassen will, da, so weit unsere bisherigen Beobachtungen reichen, der völlige Mangel von Gypsmassen an einen noch fortdauernden Zersetzungsprocefs derselben, wobei organische Substanzen betheiligt wären, ganz und gar nicht denken läfst. Die erste kalte Schwefelquelle Süd Africas wurde indessen schon im Beginne dieses Jahrhunderts durch den bekannten Missionar Van der Kemp im Caplande zwischen Graaf Reynet und den bereits erwähnten Schwefelthermen von Cradock angetroffen [3]). Es ist muthmafslich dieselbe Quelle, welche in neuerer Zeit wiederum Chase [4]), Kraufs [5]) und Itier [6]) anführten. Ihres starken und zugleich unangenehmen Geruchs wegen hat sie von den holländisch redenden Landesbewohnern den Namen der Schiefspulverquelle erhalten. In wie weit dieselbe aber mit den in denselben Gegenden angeblich vor-

---

[1]) A. a. O. 198, 218.

[2]) Monatsberichte der Berliner geogr. Gesellschaft 1851. VIII.

[3]) Missionary Transactions. London 1804. I, 479.

[4]) The Cape of Good Hope 69.

[5]) Leonhardt und Bronn Jahrb. 1843, 164.

[6]) Comptes rendus XIX, 969, wo die Quelle sogar sehr reich an Schwefel genannt wird.

kommenden Schwefelablagerungen [1]) in Verbindung steht, ist bei dem Mangel zureichender geognostischer Daten völlig unmöglich zu ermitteln. Eine andere, nur schwache Quelle der Art traf der Missionsprediger Campbell am Gamkas Rivier in der Hochebene der sogenannten Karro, und verglich sie auch mit dem berühmten Wasser von Harrowgate [2]). Eine dritte ausgezeichnete und zugleich Kochsalz führende Schwefelquelle, die Stinkfonteyn genannt, sah bereits Barrow [3]) und in neuerer Zeit wiederum Backhouse [4]) im Caplande am Dornflusse (Thornrivier), wo sie am Fufse des hoch aufsteigenden Bockeveldplateaus entspringt. In dem jetzt zur Capcolonie gehörenden Theil des Garipquelllandes trafen Arbousset und Daumas [5]) eine kalte Schwefelquelle am Caledon, einem der grofsen Zuflüsse des Garip und zwar in der Nähe der französischen Missionsstation Morischa (Morija), so wie Methuen [6]) eine andere wegen ihrer starken und unangenehmen Ausdünstungen gleichfalls Stinkfonteyn genannte Quelle in denselben Gegenden. In den letzten Jahren ist die Existenz kalter Schwefelquellen noch in der süd- und westlichen Küstenstufe des Caplandes bekannt worden, wo eine dergleichen am Eerste Rivier und eine andere bei dem Dorfe Paarl zu Tage kommt, wovon die erste in Magen- Leber- und Hautkrankheiten sich wahrscheinlich nützlich erweisen wird [7]). Eine dritte stark mit Schwefelwasserstoff gesättigte Quelle der Art entspringt bei Klein Drakenstein [8]).

---

[1]) S. oben S. 81.

[2]) Travels in South Africa. 2 Vol. London 1822. I, 17.

[3]) I, 379.

[4]) S. 513.

[5]) Journal des Missions evangéliques X, 12.

[6]) Life in the Wildernefs. London 1846, 68.

[7]) The Cape of Good Hope almanac for 1843. 331.

[8]) Ebendort 333.

Auch aufserhalb der Gränzen des jetzigen Caplandes fehlt es an solchen Quellen nicht, indem im Küstenlande der Amakosakaffern die Quellen nach Versicherung des lange darin ansäfsigen Missionars Brownlee [1]) Spuren von Schwefel verrathen. Auf dem Plateau selbst sah Campbell [2]) dergleichen, die wiederum einen Geruch nach Schiefspulver hatten, nördlich vom Garip in der Nähe von Griquatown und ebenso Methuen [3]) dort eine mit nur schwachem Schwefelgeruch. Im westlichen Süd Africa gehört hierher die schon erwähnte [4]) starke Schwefelquelle, die Kokfonteyn, welche mit grofser Gewalt und sehr üblem Geruch zwischen Schieferplatten hervorsprudelt. Jenseits des unteren Garip traf endlich Backhouse [5]) zwei kleine brakische Schwefelquellen, die kleine und die Lorisfonteyn, von denen die erste in einem granitischen Flufsbette zu Tage tritt, so wie der Missionar Rath, der verdiente Forscher in ganz unbekannten Zonen von Süd Africa, ein kaltes Schwefelwasser südlich von der öfters genannten Missionsstation Rehoboth sah [6]).

Das im Continent von Africa häufiger vorhandene Zusammenvorkommen von Schwefelablagerungen, Schwefelquellen und Erdölquellen veranlafst mich hier noch eine Erdölquelle aufzuführen, welche nach den von Shaw [7]) und Hebenstreit [8]) eingezogenen Erkundigungen an dem im grofsen Shott mündenden Dschiennaflusse Algeriens zu Tage kommt und Ain Kidran, d. h. gradezu Theerquelle von der

---

[1]) Thompson travels and adventures in the Southern Africa. 2 Vol. London 1827. II, 369.

[2]) A. a. O. II, 285.

[3]) S. 123.

[4]) S. vorhin S. 62.

[5]) S. 550.

[6]) Nach Raths handschriftlichen Nachrichten.

[7]) S. 40, 149.

[8]) Bernouilli X, 437.

Bevölkerung genannt wird [1]). Sie soll heilkräftige Wirkungen nach Aussage der Araber bei allerlei Uebeln wie Balsam haben und ist das einzige bekannte Vorkommen der Art im nordwestlichen Africa, da die von den Schriftstellern des Alterthums z. B. von Vitruvius [2]) im carthaginiensischen Gebiete angeführte Erdölquelle muthmafslich in Sicilien im dortigen Gebiete der Carthager zu suchen ist, indem schon den Alten das Vorkommen der noch heute existirenden Erdölquellen von Aggrigent wohl bekannt war [3]), und das Gebiet dieser Stadt längere Zeit unter der Herrschaft der Carthager stand. Hiernach dürfte Pellissiers Behauptung [4]), dafs Numidien und Mauritanien einst Asphalt geliefert hätten, wahrscheinlich unbegründet sein, indem bei keinem einzigen Schriftsteller des Alterthums eine Bestätigung dieser Angabe vorkommt.

Bei der grofsen Verbreitung des Kalksteins im inneren Nord Africa und streckenweise selbst in Süd Africa fehlt es natürlich auch nicht an Kalkwassern und Kalkquellen. In Süd Africa traf z. B. v. Meyer [5]) dergleichen in dem niedrigen Küstenstriche am Cap Lagulhas, dem südlichsten des Continents. Sie setzen reichlich Kalk ab, da ein jüngerer Meereskalk dort weit verbreitet ansteht [6]). Besonders häufig sind aber dergleichen in der Nähe des Garip, wo das grofse Kalkplateau der Bethschuanenländer beginnt [7]). Selbst die Wurzeln der Gräser erscheinen damit überzogen, wie es ferner an der ehemaligen nördlichen Gränze der Cap Colonie durch die Schiefsquelle (Shiet-

---

[1]) Hebenstreit nennt sie irrig Ain Modran.

[2]) lib. II, c. 6.

[3]) Diodorus Siculus I, c. 100; Plinius lib. XXXV, c. 51.

[4]) Exploration scientifique VI, 307.

[5]) S. 219.

[6]) Kraus a. a. O. 154.

[7]) Backhouse 434, 444—46, 449, 456—57, 466.

fonteyn) [1]), dann im Garipquelllande durch die sogenannte grofse Quelle (Groote Fonteyn) [2]), endlich aufser dem Caplande in der Nähe des bereits auf Kalk stehenden Städtchens Griquatown [3]) der Fall ist. Weiter gegen Osten sah noch Harris [4]) starke Kalkabsätze an den Pflanzen südlich vom Namagari, dem östlichsten grofsen Quellstrome des Garip. Aber viel bedeutender sind die aus Absätzen kalkhaltiger Wasser hervorgegangenen Tropfsteine, die man sowohl im Gebiete der kalkigen Sandsteine [5]), als in wahren Kalkgebieten findet. So erwähnte bereits Barrow [6]) eine durch einen Wasserfall im Sandstein des Cantons Tarka im Caplande entstandene Kalkmasse mit 40—50 Fufs langen, zuweilen alten Baumwurzeln ähnlichen Stalactiten, die stark das Licht reflectirten. Später traf man Stalactiten zu Kramersfonteyn im Batlapibetschuanenlande [7]) jenseits des Garip und endlich noch dergleichen 3 Stunden südlich Rehoboth [8]). Die interessantesten und grofsartigsten Tropfsteinbildungen scheint jedoch die zu sein, welche sich in einer ungemein hohen und langen, in dem aus kalkigem Sandstein bestehenden Grooten Zwarteberge des Caplandes im J. 1780 entdeckten [9]) Höhle finden. Den Schilderungen

---

1) Burchell I, 297.

2) Ebendort I, 359.

3) Backhouse 446, 474.

4) A. a. O. 289, womit Burchell I, 454 zu vergleichen ist.

5) Einen solchen Kalkgehalt der Sandsteine Süd Africas behauptet namentlich Barrow I, 309.

6) I, 311.

7) Journal of the Asiat. Soc. of Bengal.

8) Nach handschriftlichen Berichten der rheinischen Missionare. Die Stalactitenbildung bei Rehoboth darf übrigens nicht wundern, wenn man aus den Beobachtungen derselben Missionare erfährt, dafs an verschiedenen Punkten des Landes der Grofs Nama (Hottentotten) z. B. zu Wesley Vale (rheinische Monatsberichte 1844, 26) und bei Bethanien Kalk ansteht.

9) Es ist irrig, wenn Lichtenstein versichert, dafs diese Höhle erst nach seiner Rückkehr nach Europa entdeckt worden sei.

und Abbildungen nach, die wir von dieser Höhle, welche bei den Bewohnern des Caplandes unter dem Namen Cango bekannt ist, theils von dem englischen Missionar Thom [1]), theils von dem bekannten Reisenden in Süd Africa, Thompson [2]), theils endlich von dem britischen Lieut. Sherwill erhielten, mufs dieselbe durch die Gröfse und Pracht ihrer Stalactitbildungen auf Erden ohne Gleichen dastehen [3]). — Weiter im Norden schon auf der 3. Terrasse, aber noch im Süden des Garip hatte endlich Lichtenstein [4]) eine mächtige Kalkbildung jüngster Entstehung angetroffen, indem er an einer unter dem Namen der Kalkquelle (Kalkfonteyn) bekannten Quelle [5]) des Buschmanenlandes einen ganz aus weifser Kalkmasse bestehenden Hügel fand, in dessen Gestein einzelne Geschiebe eingewachsen waren. Die Sandsteine, welche in der ganzen Umgebung anstehen, müssen selbst einen reichen Kalkgehalt besitzen, da noch zwei andere Quellen, die Wylds Carte zu Backhouse Reise in die Nähe und zwar an beide Seiten des schwarzen Garipstroms versetzt, den Namen Kalkfonteyn führen.

Aufser den bisher angegebenen Classen mit zahlreichen kalten Mineralquellen von bestimmtem Caracter gibt es noch einige wenige von theils unbestimmter Natur theils

---

[1]) Missionary Transactions 1812. IV, 385.

[2]) Travels I, 276—77.

[3]) Nach Lieut. Sherwill (Cape Almanac 1843, 379) ist die Masse der Stalactiten schneeweifs und alabastergleich; krystallisirter Kalk bietet sich von allen Seiten dar, und die Erzeugung des Kalks nimmt einen so raschen Gang, dafs die gänzliche Ausfüllung der Höhle trotz ihrer enormen Länge im Laufe der Zeit nicht für unmöglich gelten kann, wie es Sherwill in Aussicht stellt.

[4]) Reisen II, 352.

[5]) Sie soll nach Lichtenstein auch den Namen der Jonkersfonteyn führen.

von ziemlicher Seltenheit ihres Vorkommens. Dazu gehört unter andern eine von Shaw [1]) am Bishbeshflusse in Algerien aufgefundene Quelle, welche bei den Eingeborenen den Namen Hammah führt und von ihm als Säuerling beschrieben wird. Es ist diefs in der That ein sehr bemerkenswerthes und seltenes Vorkommen, da kein einziges anderes Beispiel eines Säuerlings bisher auf dem africanischen Continent bekannt worden ist. Nächstdem dürfte es hier auch an Alaunquellen nicht fehlen, indem es wenigstens in einem grofsen Theile Nord Africas an reichen Alaunablagerungen nicht mangelt. Ob aber zu dieser Art von Quellen eine von sehr unangenehmem Geschmack und durch Bruce wirklich als Alaunquelle beschriebene gehört [2]), welche 5 Tagereisen vom Nordrande des Continents bei Bengazi in der alten Cyrenaica unter dem Namen der Ras Sem, d. h. Giftquelle entspringt, ist bei dem Mangel jeder genaueren Untersuchung derselben nicht zu entscheiden. Ebenso wenig kennen wir den Mineralgehalt einer im Inneren Abyssiniens am Fufse des Atbarapasses im Giraltagebirge zwischen Shelicut und Axum durch Salt [3]) angetroffenen und wegen ihrer Heilkraft von weit und breit besuchten Mineralquelle, ferner nicht den einer 2. zu Thecla Haimanot im nordöstlichen Shoa, der die Eingeborenen, welche sie 5—10 Tage lang trinken, wunderbare Heilkräfte beilegen [4]) und endlich auch nicht den einer 3. Mineralquelle

[1]) S. 149. Muthmafslich ist dieser Säuerling identisch mit dem, welchen Hebenstreit (Bernouilli X, 438) im Gebiete des Beni Salahstamms bei Medeah kennen lernte.

[2]) Bruces Angaben (I, XC.) scheinen allerdings sehr unsicher zu sein, da Beechey, dem Bruces Mittheilungen wohl bekannt waren, nichts über sie ermitteln konnte. Pacho und Bahrdt schweigen gleichfalls darüber.

[3]) A voyage to Abyssinia and travels into the interior of that country. London 1809, 399.

[4]) Journals 103, 246. Nach einer gelegentlichen Mittheilung scheint sie jedoch ein Stahlwasser zu sein.

zwischen Shoa und Massowah am Ghidaotflusse, die abermals im Rufe aufserordentlicher Heilkräfte steht und nach Krapfs Vermuthung dem vulcanischen Terrain angehören dürfte [1]). Bemerkenswerth ist endlich die Notiz, die wir einem sonst sehr zuverlässigen arabischen Schriftsteller des Mittelalters, Ibn Batuta [2]), über die Existenz einer kalten Mineralquelle mitten in der Sahara verdanken, mit der man abermals im Stande sein soll, weifse Stoffe schwarz zu färben, wenn man diese darin wäscht. Ibn Batuta fand sie da, wo sich die Caravanstrafse aus dem tieferen Inneren nach den Oasen Guat und Tuat theilt, und er bemerkt hierzu, dafs sie vorher durch eine Eisengrube fliefse, was ohne Zweifel andeutet, dafs dieselbe ein Eisenwasser ist. Man sieht, dafs Batutas Quelle sich in ihren angeblichen Eigenschaften ganz an eine Therme der kleinen Oase [3]) anschliefst, aber dafs, selbst wenn die Quelle eisenhaltig ist, das Phänomen ihrer Färbekraft dadurch um nichts begreiflicher wird, wenn man nicht zugleich voraussetzt, dafs die weifsen Stoffe vorher eine starke Imprägnation von Gerbsäure erhalten haben. Geschah diefs, so hat der Färbungsprocefs freilich nichts Auffallendes, und die Kunst folgte dabei nur dem Wege, den die Natur selbst in der Erzeugung schwarzer Niederschläge bei den durch Renou in Algerien beobachteten Phänomenen [4]) angewiesen hatte.

---

[1]) Mineralquellen, welche in dem Aberglauben der Abyssinier alle Krankheiten, selbst solche, bei denen Geschicklichkeit nichts mehr ausrichtet, heilen, werden Tzabale von ihnen genannt und als von Heiligen geweiht angesehen. Uebrigens erklärt es hierbei Krapf (Journals 311) für unzweifelhaft, dafs verschiedene Mineralquellen Shoas in einigen Krankheitsfällen wirklich ganz aufserordentliche Wirkungen ausüben.

[2]) Journal Asiatique. Paris 1843. I, 238.

[3]) S. ob. S. 115.

[4]) S. ob. S. 145.

Druckfehler und Zusätze.

S. 8 Z. 25 von oben. Nachdem wir noch von Fournel (Ann. des Mines 4. Ser. IX, 555) eine genaue Analyse einer im Süden Budschias gelegenen Therme erhalten haben, die doch höchst wahrscheinlich mit Calzas Beni Sermatherme S. 171 identisch ist (s. unten zu S. 171), hat sich die Zahl der quantitativ unter suchten Mineralquellen des Continents auf 5 vermehrt.

S. 12 Z. 6 von oben. Ganz neuerlich findet sich die Angabe in den Comptes rendus 1848 XXVI, 126, dafs die bisher gar nicht beachteten warmen Quellen von Villecelle-Lamalou Dep. Hérault in Süd Frankreich Stahlthermen sind. So hätte also auch Europa eine Quelle der Art.

S. 13 Z. 4 von oben. Die Angabe, dafs der südlichste Theil des Continents allein Stahlthermen besitzt, ist nicht ganz richtig, indem, wie der Verfolg lehrt, ähnliche Quellen auch anderen Theilen des continentalen Africa nicht fehlen. Es gehören namentlich dazu die Thermen von Barmen im Ovahererolande S. 73, die zu Deimoti im Somalilande S. 99, die in der kleinen Oase bei Mendieh S. 114, die von Duga in Tripolitanien S. 128, die der Ludinatoase in der Sahara S. 129, die Sidi Mimontherme zu Constantine S. 164, endlich sehr zweifelhaft die Thermalwasser von Mers el Kebir S. 181. Andere eisenhaltige Thermen gehören als zugleich alcalische oder schweflige nicht hierher.

S. 16 Z. 25 von oben statt Ponteredra l. Pontevedra.

S. 27 Z. 11 von oben statt Caillaud l. Cailliaud.

S. 69 Z. 5 von oben. Nach späteren Berichten der rheinl. Miss. (Miss. Ber. 1849, 2) liegt Rehoboth in einer Hochebene auf der Gränze des Grofs Nama und Ovahererolandes. Die Thermen gelten für sehr heilkräftig bei den Eingeborenen (Miss. Ber. 1848, 55).

S. 72. Ebenfalls nach späteren Berichten der rhein. Miss. (Miss. Ber. 1849, 327) sollen die heifsen Quellen des Ovahererolandes so aus der Spitze von Granithügeln hinabfliefsen, dafs auf der einen Seite derselben eine heifse, auf der andern eine kalte hervorkommt.

S. 73 Z. 7 von unten statt Cailleaud l. Cailliaud.

S. 74 Z. 6 von oben. Nach den rhein. Missionsber. 1849, 121 liegt Neu Barmen viel näher an Elberfeld, als die älteren Angaben besagen, nämlich nur 3 Tagereisen nördlich davon.

S. 78 Z. 3 von oben. Für das häufigere Vorkommen von Thermen auf der Ostseite von Africa spricht die eben jetzt erst veröffentlichte Mittheilung des Missionar Krapf, dafs nach Berichten der Eingeborenen sich im Westen von Mombas ein hoher, noch thätiger Vulcan befindet, über den bei der Bevölkerung eben solche abergläubische Sagen im Umlauf sind (Monatsberichte der Berl. geogr. Ges. 1851. VIII, 206), wie über den vulcanischen Geisterberg im Innern Angolas nach Douville (s. Die vulcan. Thät. 18) und den Geisterberg des Adallandes nach Johnston (ebend. 125).

S. 78 Z. 18 von unten. Madagascars Thermen sind in neuerer Zeit etwas genauer bekannt worden, indem sich ergeben hat, dafs dergleichen im südlicheren Theile der Insel auf dem hohen Plateau der Betsileos mit 59° C. (Ellis History of Madagascar. 2 Vol. London I, 23) mitten im vulcanischen Gebiete, dann in der Provinz Anossy (Ellis I, 21), besonders ausgezeichnet aber auf der Ostseite im Gebiete der Betanimenes vorkommen. Die letzten (es sind Schwefelthermen) entspringen aus einem Sumpfe mit einer Temperatur, welche fast der Kochhitze gleich kommt und führen den Namen der Ranou mafane d. h. kochende Wasser (Ellis I, 22; Leguevel de Lacombe Voyage à Madagascar et aux îles Comores. Paris 1840. II, 14 und der Bericht eines französischen Reisenden in Maltebruns Ann. des voy. II, 37).

S. 80 Z. 6 von unten. Auch der Missionar Kay erwähnt in seinem Werke: Travels and researches in Caffraria. London 1833, 434 das Vorkommen dieser Schwefelthermen, so wie der benachbarten kalten Schwefelquellen und berichtet übereinstimmend, dafs einige derselben eine grofse Wirksamkeit in chronischen Uebeln hätten.

S. 92 Z. 12 von oben. Dafs Eruptionen plutonischer und vulcanischer Gesteine an beiden Seiten des rothen Meeres auf die jetzige Gestaltung der Oberfläche jener Gegenden vom wesentlichsten Einflufs gewesen sind, und dafs selbst Volkssagen sich auf solche Catastrophen beziehen, habe ich in meiner früheren Schrift S. 216 erörtert. Es ist hier nur hinzuzufügen, dafs auch nach einer Mittheilung Seetzens sich bei älteren arabischen Autoren eine ähnliche Mythe über die verhältnifsmäfsig späte Entstehung des rothen Meerbusens findet, nur dafs diese Araber das Ereignifs nicht durch eine Naturkraft, sondern übereinstimmend mit der griechischen Sage, welche die Trennung der Continente Europa und Africa durch die Strafse von Gibraltar dem Hercules zuschrieb, aus dem Unternehmungsgeist eines mythischen Herrschers zu erklären suchten (v. Zachs monatliche Correspondenzen).

S. 100 Z. 4 von oben statt d'Abbaddie l. d'Abbadie.

S. 100 Z. 5 von oben statt Schachs l. Schechs.

S. 110 Z. 12 von oben. Für die Kenntnifs der weiteren Verbreitung des vulcanischen Processes in Arabien nach Süden zu wäre eine genauere Ausführung von Russeggers Angabe III, 20, dafs sich Schlotten und Thermen vom Ras Hammam bis zur Südspitze der peträischen Halbinsel an mehreren Punkten der die dortige Küste bildenden Kreideberge verfolgen lassen, von Interesse. Nicht minder gehört zu solchen Phänomenen das Vorkommen des gediegenen Schwefels am Ausgange des Wadi Taibe, wozu Russegger bemerkt, dafs die Araber die Substanz sammelten.

S. 113 Z. 20 von oben. Demungeachtet behaupten Ficari und Husson an dieser Erdöllocalität niedrige vulcanische Erhebungen gesehen zu haben, so wie sie auch in dem dortigen Entweichen von Schwefelwasserstoffgas und in der gleichzeitigen Anwesenheit von Kochsalz ein vulcanisches Phänomen sahen.

S. 128 Z. 6 von oben. Oudney (LXI) schrieb den Namen der Oase Sardalis, Richardson Serdalas (II, 255).

S. 160 Z. 4 von oben. Durch die rasch auf einander folgenden Entdeckungen des Vorkommens von Antimon in Mineralwassern, wozu noch die Auffindung desselben in den Mineralwassern von Brückenau und Kissingen (im Ragoczy und Pandur) nach Keller gehört (Buchner Pharmaceutisches Journal XCVIII, 295—298), wird die neptunische Bildung der Antimonsulfürablagerung bei den Hammam Meskutin immer wahrscheinlicher. Von besonderer Wichtigkeit ist deshalb auch die dem französischen Naturforscher Senarmon in der den Hammam Meskutin benachbarten Provinz Constantine gelungene neueste Auffindung von schön krystallisirtem dimorphen Antimonoxyd, welches von ihm in der Nähe der Antimongruben von Sensa und einer bei den Eingeborenen unter dem Namen der Ain (Quelle) Babooick bekannten Mineralquelle in Thonablagerungen eingeschlossen entdeckt wurde. Durch diefs Vorkommen im Thon und zugleich bei der Mineralquelle fand sich Senarmon gleichfalls ausdrücklich veranlafst, das Antimonoxyd für ein neptunisches Product zu erklären.

S. 169. Irrthümlich habe ich die Therme von Mar Allah mit Fournels 2. Therme identisch gesetzt. Ebenso irrig wird Fournels Analyse der Hammam Beni Kecha noch einmal in der 2. Note wiederholt und auf seine 2. Therme, wovon Fournel selbst keine Analyse mittheilt, bezogen.

S. 171 Z. 14 von oben. Fournel theilt noch eine quantitative Analyse einer auf dem linken Ufer des Oued Amassin südlich Boudschia im Grofs Kabylenlande vorkommenden Therme mit, die ohne Zweifel mit Calzas Hammam Beni Serma identisch ist und in 1000 Theilen 192,4130 Chlornatrium, 129,05 Chlormagnesium, 0,4224 Chlorcalcium, 1,6816 schwefels. Kalk, 0,2425 schwefels. Magnesia, 0,1565 kohlens. Kalk, 0,0289 kohlens. Magnesia, 0,0392 Kieselerde enthält. Wegen ihres grofsen Reichthums an Salzen führt der kleine Kabylenstamm, welcher diese Quelle benutzt, den Namen der Söhne des Salzes (Beni Mellah). Fournel a. a. O. IX, 556.

S. 181 Z. 3 von oben. Doch findet sich schon vor dem Erscheinen von Lemprières Reisebericht in Borheks neuen Erdbeschreibung von Africa, Frankfurt 1789 I, 371, die Angabe, dafs es an den Gränzen der Provinz Rîf einen Vulcan gebe.

S. 181 Z. 16. Auch Leo Africanus Ed. Elz. 378 kannte diese Hammam Khaulâni, die sogar schon im Alterthum als Aquae Dacicae bekannt waren (Fortia d'Urban 16). Ueber die ihnen benachbarten Vaschtâta- und Abi Jagubithermen gibt es keine neueren Nachrichten. Dagegen erwähnt Leo S. 271 die Existenz noch anderer berühmter Thermen, die 10 Stunden südlich Fâs und 5 von Meknes auf dem Wege von der ersten Stadt nach Tâdla liegen und den Namen der Geminha Elchmen führen, uns aber ganz unbekannt sind. Von hohem Interesse endlich für die fast völlig unbekannten geognostischen Verhältnisse des Südrandes des hohen Atlas ist des alten arabischen Autors Bekri Erwähnung (Notices et extraits de la bibliothèque du Roi XII, 599) einer Therme, die unter dem Namen der Timeddrînquelle zu Tizini am Afoudberge, eine Tagereise nördlich von dem alten Oasenorte Sedschelmessa, dem jetzigen Tafilelt entspringt, indem sich dadurch fast im äufsersten Westen des Continents das fast bei allen bekannten Oasen am Nordrande der Sahara beobachtete Phänomen des Vorkommens von Thermen oder wenigstens von Mineralquellen wiederholt. Es ist demnach in hohem Grade wahrscheinlich, dafs das Zutagetreten der Thermen mit der Bildung der Oasen selbst im innigen Verbande steht.

S. 183 Z. 4 von oben. So hat selbst eine der vulcanischen Bulama-inseln eine Mineralquelle (Ann. mar. et col. 1845 bis 51), von der wir jedoch weder die Beschaffenheit kennen, noch wissen, ob es eine Therme ist.

S. 190 Z. 7 von oben. Auch die arabischen Namen Nord Africas zeigen zuweilen schon den Bittersalzgehalt von kalten Mineralwassern an, wie es unter andern bei dem zwischen Korosko und Abu Achmed in der nubischen Wüste vorkommenden bittern und eisenhaltigen Brunnen Hat el Moura der Fall ist, da Mara oder Moura bitter heifst (s. oben S. 199). Endlich fehlen auch im äufsersten Westen Nord Africas bitterschmeckende Salze den rothen Wüsten nicht, da schon Leo Africanus 740 berichtet, dafs der grofse Steppenflufs Draa am Nordrande der Sahara zur Zeit der gröfsten Hitze bitter werde.

S. 197 Z. 11 von oben. Für den Mineralgehalt der S. 57 erwähnten Mangantherme gewährt vielleicht die genauere Untersuchung des in denselben Gegenden nach Steedman I, 303 im District Albany des Caplandes häufig vorkommenden Mangans eine Aufklärung.

Druck von G. Reimer in Berlin.

FSC
www.fsc.org
MIX
Papier | Fördert gute Waldnutzung
FSC® C083411

Zeitfracht Medien GmbH
Ferdinand-Jühlke-Straße 7
99095 Erfurt, Deutschland
produktsicherheit@kolibri360.de